用贴近生活的通俗语言，把心理问题分析得透彻、明亮

用心理学解读你的人生

谁在掌控你的人生：

不可不知的100个心理学常识

墨 非 ◎ 编著

中国华侨出版社

图书在版编目（CIP）数据

谁在掌控你的人生：不可不知的 100 个心理学常识 / 墨非编著. — 北京：中国华侨出版社，2017.7
ISBN 978-7-5113-6891-1

Ⅰ. ①谁… Ⅱ. ①墨… Ⅲ. ①成功心理－通俗读物 Ⅳ. ①B848.4-49

中国版本图书馆 CIP 数据核字（2017）第 139585 号

● **谁在掌控你的人生：不可不知的 100 个心理学常识**

| 编　　著 / 墨　非 |
| 责任编辑 / 胡可嘉 |
| 责任校对 / 吕栋梁 |
| 装帧设计 / 环球互动 |
| 经　　销 / 新华书店 |
| 开　　本 / 710 毫米×1000 毫米 1/16　印张 /17　字数 /226 千字 |
| 印　　刷 / 香河利华文化发展有限公司 |
| 版　　次 / 2017 年 9 月第 1 版　2017 年 9 月第 1 次印刷 |
| 书　　号 / ISBN 978-7-5113-6891-1 |
| 定　　价 / 36.80 元 |

中国华侨出版社　北京市朝阳区静安里 26 号通成达大厦 3 层　邮编：100028
法律顾问：陈鹰律师事务所　　编辑部：(010) 64443056　　64443979
发行部：(010) 64443051　　　　传　真：(010) 64439708
网　址：www.oveaschin.com　　E-mail：oveaschin@sina.com

前言

多数人认为：人的命运是由自己掌控的。可事实真的如此吗？

生活中，很多人都有过类似的感受：一直希望掌控自己的人生，却又不晓得如何实现这个目标？这辈子总想去干点什么，却总为找不到方向而苦恼！总会不由自主地思考：什么样的生活才是自己真正想要的？或者说你根本不知道自己想要什么，甚至不知道该选择怎样的工作，更不知道如何去规划自己的职业生涯；也许你很清楚自己的人生目标，却苦于不知如何应对父母及家人的反对？或者你刚刚参加工作，正在为复杂的人际关系而苦恼？也许你刚组成家庭，正在为棘手的生活琐事而头疼不已；或者你已经在工作上小有成就，但感觉自己进入了发展瓶颈期，不知道接下来的方向在哪里，在哪些地方还可以突破……正如卢梭所言，人生而自由，却无往不在枷锁中。人类向来认为自己是命运的主宰者，但事实上，他们比其他任何事物所受的奴役都要多。

很多时候，当我们春风得意、志满功成时，会觉得命运是真切地掌握在自己的手中；但有时候，我们却总是被一种神奇而强大的力量所掌握，它支配我们的行动，控制我们的意念，时而让我们充满力量，时而又让我们沮丧不已，时而带给我们幸福和快乐，时而也会让我们倍感痛苦与烦恼,"命运"似乎又不在我们手中。其实,这种在无形中操控人类的神奇力量就是"心理"。为此,要想真正地掌控自己的命运,就一定要了解那些在无形中操控我们的神秘力量:心理学。

　　本书正是立足于人们在现实生活中一系列的心理问题,通过大量的事例,向人们揭示了人类心理世界的神奇规律、事物运行的逻辑规律,人们走向成功诸多的精神因素以及命运发展的因果关系。运用这些神奇的心理学理论,我们可以解释人生中诸多令人困惑的现象。本书立足现实,通过洞悉复杂的世事,给我们的行为提出了切实可行的指导,从而让我们把握机遇,正确地运用心念的力量成就事业,摒除痛苦和烦恼,真正地了解生活规律,了解自我,从而成就卓越精彩的人生!

目 录

第一章　什么在操纵你的选择

01. 路径依赖：你的命运在于你最初的选择　/2
02. 谁在操控你的选择：什么潜伏在你的大脑中　/4
03. "命运"铁律：种"因"得"果"　/6
04. 影响或误导：你的人生轨迹是如何被"更改"的　/8
05. 情绪定律：情绪决定你的一切　/10
06. 吸引定律：人人都会吸引自己的"同类"　/12
07. 鸟笼逻辑：你是如何被外界所"塑造"的　/15
08. 羊群效应：使你"误入歧途"的那些力量　/17
09. 杜利奥定理：生命不可缺乏激情　/20
10. 波特法则：能让你脱颖而出的"独特定位"　/23

第二章　什么在决定你的价值

01. 你的薪资＝月薪＋学习价值　/26
02. 积累定律：努力让自己"值钱"　/29
03. 睡前一小时，决定一辈子　/32
04. 罗森塔尔效应：将军穿上制服就会变成士兵　/35
05. 布里丹毛驴效应：徘徊，将使你一事无成　/37
06. 蘑菇定律：成熟之前必经的"疼痛"　/40
07. 1万小时定律：坚持7年终成"专家"　/43
08. 你是在"挑水"，还是在"挖井"　/45

09. 如果你知道方向,全世界都给你让路　/49
　　10. 决定人生高度的是你的"长板"　/52
　　11. 热手效应:别做被运气左右的"赌徒"　/55
　　12. 沸腾效应:把握人生"沸点"的最后"一度"　/57

第三章　什么在控制你的大脑
　　01. 权威效应:无处不在的"观念"侵入　/62
　　02. 自己人效应:在无形中跟随他人　/64
　　03. 亏欠心理:不自觉受人控制　/66
　　04. 禁果效应:"得不到的"才最好　/68
　　05. 韦奇定律:别轻易"动摇"你的意志　/71
　　06. 阿伦森效应:别患上赞美"依赖症"　/73
　　07. 定势效应:别受"经验"驱使　/75
　　08. 泡菜效应:近朱者赤,近墨者黑　/77
　　09. 攀比效应:别人都有,我也要有　/79

第四章　什么在牵制你的情绪
　　01. 情绪抉择:情绪取决于你自己　/82
　　02. 塞里格曼效应:没有绝望的环境,只有绝望的心态　/85
　　03. 心理摆效应:你的情绪为何摇摆不定　/88
　　04. 情绪抗拒:什么引发了你内心的慌乱　/90
　　05. 卡瑞尔公式:事情已经糟糕透顶,剩下的就是解决问题　/93
　　06. 野马结局:生气是对自我施予的一种酷刑　/95
　　07. 史华兹论断:幸与不幸在于自己　/98
　　08. 乞丐效应:顺时莫张狂,逆时莫绝望　/100
　　09. 踢猫效应:别做负能量的"传递员"　/102
　　10. 锯木屑效应:别在错误面前一蹶不振　/104
　　11. 齐加尼克效应:学会把压力关在门外　/107

第五章　什么在影响你的受欢迎度
　　01. 首因效应:别小看第一印象　/112
　　02. 多看效应:见面长不如常见面　/115
　　03. 改宗效应:好好先生做不得　/118

04. 谣言效应:不在人后说人 /119

05. 250定律:每个人身后都有一个亲友团 /122

06. 态度效应:你对生活笑,它也对你笑 /125

07. 瀑布心理效应:说者无心,听者有意 /127

08. 海格力斯效应:相逢一笑泯恩仇 /130

09. 互悦机制:喜欢是互相传染的 /132

10. 视网膜效应:懂得欣赏自己,才能欣赏别人 /134

第六章　什么在激发你不断向前

01. 竞争优势效应:人人都想当强者 /138

02. 鲇鱼效应:有压力,才有动力 /139

03. 瓦拉赫效应:找到自己的优势 /142

04. 瓦伦达效应:做事不能患得患失 /145

05. 马蝇效应:外界的压力会驱使你勇往直前 /147

06. 犬獒效应:狭路相逢勇者胜 /149

07. 最后通牒效应:有压力才有动力 /151

08. 约拿情结:畏惧成功,不敢放手一搏 /153

09. 鲁尼恩定律:赢家未必跑得快 /156

第七章　什么塑造了你的性格

01. 性格:决定个人命运的关键 /160

02. 那些关于性格的形成因素 /162

03. 穿合脚的鞋子,才能健步如飞 /165

04. 巴纳姆效应:知人易知己难 /168

05. 勇于正视性格缺陷 /170

06. 敢于展示自己的性格缺陷 /173

07. 改掉好逸恶劳的性格 /175

08. 造成失败人生的14个性格缺陷 /177

09. 自助者天助,自强者刚强 /180

10. 内心是力量之源,自信是成功之基 /183

第八章　什么造就了你的习惯

01. 21天习惯效应:习惯形成只需21天 /188

3

02. 惯性定律:卓越是一种习惯 / 190

03. 培养一种习惯,收获一种命运 / 192

04. 棘轮效应:由俭入奢易,由奢入俭难 / 194

05. 人生需要"归零心态" / 196

06. 惯性思维:别被顽固思维绊倒 / 199

07. 标签效应:贴在心上的标签 / 202

08. 自制力定律:失去自制力,容易误入歧途 / 203

09. 自验预言:极具魔力的消极预言 / 206

10. 注重细节:不拘小节,难成大事 / 208

第九章　什么在左右你的姻缘

01. 麦穗原理:每个人都不可能遇到十全十美的爱人 / 212

02. 得不到是"无价宝",到手了就变"稻草" / 217

03. 互补定律:每个人都是一个缺角的圆 / 220

04. 高原效应:爱情的美酒为何没了味道 / 222

05. 依赖心理:幸福不是别人给的 / 224

06. 过度理由效应:不要对恋人的关爱熟视无睹 / 226

07. 吊桥效应:心动不代表是真爱 / 228

08. 契可尼效应:初恋因何最难忘 / 230

09. 马赫带现象:爱情不是拿来比较的 / 232

第十章　什么在左右你的生存状态

01. 右脑幸福定律:释放右脑魔力,你将幸福满满 / 236

02. 99%的问题都是因为懒 / 237

03. 平衡法则:世界是平衡的 / 240

04. 幸福递减定律:得到越多,幸福感越少 / 243

05. 破窗效应:别让"颓废"乘虚而入 / 245

06. 安慰剂效应:自欺欺人的假象 / 248

07. 悲苦的自我催眠作用 / 250

08. 懂得感恩,幸福就会不请自来 / 252

09. 奥卡姆剃刀定律:快乐原来如此简单 / 256

10. 马斯洛理论:高层次的幸福源于心灵的富足 / 258

第一章

什么在操纵你的选择：

马云说，决定人生成败的从来都不是努力，而是选择。不可否认，每个人的一生都是由无数的"选择"组成的，每一个"选择"都是一次命运的转折。正所谓，万事有因果，你今天的生活便是你几年前"选择"的结果，你未来的命运，也是你当下"选择"的结果。

正所谓"男怕入错行，女怕嫁错郎，商怕选错铺，大学生怕选错专业。"选择正确的道路，永远比跑得快更重要。选择就是给自己定位；选择就是给自己寻找前进的方向；选择就是为自己把握生命；选择就是为自己的生命重新注入激情。因而，选择就是人生的第一推动力。我们要做出正确的选择，就要了解那些无形中操纵你做出选择的"神秘力量"，如此，我们才能真正做自己命运的"舵手"。

谁在掌控你的人生：
不可不知的100个心理学常识

01. 路径依赖：你的命运在于你最初的选择

回首往事，不少人这样调侃自己：年龄增长了，阅历不见增加，体重上升了，智慧不见增多；然而脸上的皱纹平添了不少，人生似乎进入了死循环。为什么会这样呢？其实，是因为我们选择了错误的起跑线，输在了人生的起点上，在惯性力量的推动下，我们好像踏上了一条不归路，义无反顾地朝着错误的方向狂奔，这种心理就被称为"路径依赖"。

路径依赖定律由1993年诺贝尔经济学奖获得者道格拉斯·诺斯提出，它指的是你最初的选择决定最后的结果，人一旦做出选择，便会受到路径依赖心理的可怕影响，日后的步伐会沿着既定的路径前进，人生也会被锁定在某种状态下，成功脱身是非常困难的。

路径依赖定律最经典的一个案例是关于美国航天飞机火箭助推器的宽度，它的标准宽度十分接近铁轨宽度的四英尺又八点五英寸。那么这项标准是怎么来的呢？这还得从欧洲交通史说起。古罗马人根据两匹马屁股的宽度设定了战车的宽度，其标准宽度就是四英尺又八点五英寸，后来英国人造马车的时候沿用了这一标准，起因是英国的长途老路几乎都是罗马人铺设的。电车和火车出现后，轮距和两条铁轨之间的距离依旧沿用了过去的标准。航天飞机被发明出来以后，由于两个配套的火箭助推器要靠火车运送，途中又要穿过隧道，隧道的宽度比火车轨道略宽，因此铁轨的宽度就决定了火箭推助器的宽度。最后得出的结论是两千年前古罗马时期两匹马屁股的宽度决定了今天美国航天飞机火箭助推器的宽度，这是多么不可思议。路径依赖定律竟然可以超越时空，影响人类两千年的历史。

路径依赖定律既然可以影响人类两千年，那么就足以影响我们整整一生。在现实生活中，被这一定律成全或毁掉的例子比比皆是，所以我们一

第一章
什么在操纵你的选择

定要走好人生的第一步。路径依赖定律告诉我们，最初的选择规定了日后的固定跑道，也就是说如果我们进入了良性循环的轨道，就可以不断使自身得到优化；反之若是闯进了恶性循环的轨道，人生便陷入了解不开的死循环，所以，我们在抉择时要慎之又慎。

戴尔电脑的创始人迈克尔·戴尔在分享品牌运作成功的商业模式和商业理念时，曾毫不隐讳地透露，戴尔电脑畅销的秘诀在于"直销模式"和"市场细分"，而这种运作模式早在他少年时期就已经在头脑中成型了。

12岁那年，戴尔还是一个酷爱集邮的少年，他喜欢收集各种各样的邮票，然后把它们售卖给跟自己一样对其着迷的人。为了赚到更多的钱，他决定不再在拍卖会上公开售卖邮票，而是说服集邮者把邮票委托给他卖，随后他在刊物上登广告宣传。那一次，他轻而易举地赚到了2000美元，由此他开始意识到抛弃中间人——拍卖会，直接跟买家接触，可以获得更多的利润，直销模式的理念就这样在他的头脑中孕育成型了。

上中学时，戴尔已经尝试做电脑生意了。他发现很多经营电脑生意的商家根本就不懂电脑，既没技术又不能为顾客提供合适的产品。于是果断地抛弃了中间商，自己购买零件组装电脑售卖，并根据顾客的需求提供不同功能的电脑，这样不仅节省了成本，使自己在定价方面具有了优势，而且升级了产品的品质和服务。对市场进行了细分，能满足不同客户的个性化需求，使得产品更加受欢迎。以后戴尔凭借着这种商业模式创业，一步步把企业做大，在不到20年的时间里，把自己的电脑变成了风靡全球的品牌，戴尔公司也一跃成为世界上最为知名的跨国公司之一。

迈克尔·戴尔能够在商业上取得成功是因为最初选择的路径是正确的，所以路径依赖定律在他身上发挥的是正面效应。我们在进行人生规划时，一定要选择正确的方向和定位，因为你的第一份工作将成为你事业的标杆，它对你的思维模式、眼界认识、经验积累都有着深远的影响，你只有选对了池塘，才能成为一条自由游弋的大鱼。

谁在掌控你的人生：
不可不知的100个心理学常识

很多人在面临抉择，尤其是第一次选择时，会感到迷茫，不知道路在何方，总是抱有边尝试边探索的心态，结果选错了道路，迷失了方向，在错误的领域空耗年华，以至悔恨终生。我们在选择人生道路时，要倾听自己内心的声音，不要过度依赖他人的指导，别人的建议只能作为参考，前方的风景是不是我们想要的，只有我们自己清楚，所以我们要相信自己的判断。

02. 谁在操控你的选择：什么潜伏在你的大脑中

心理学上，有这样一种说法：决定个人命运的不是学识、能力和机会，而是选择。你有什么样的选择就决定了你会有什么样的生活。这也被称为"自我选择效应"。生活或者工作中，当你做出某种选择的时候，实际上已经反映了你内心已经定下了怎样的目标，而在此后的日子里，你所做的事情往往都会向着你的选择方向去。

当然，在很多人的概念中，选择都是由"我"做主的。"我"的人生道路、工作方向、婚姻目标等，都是自己主观意识的结果。其实不然！你的很多"选择"受很多因素的操控，比如被家人或朋友的意见左右，这就是心理学上所说的"洗脑术"。

"洗脑术"起源于苏联心理学家巴甫洛夫，他做过一个关于"操控他人大脑"的实验。最初的实验对象是一只狗。巴甫洛夫在每次喂食前，都会摇几次铃铛，重复多次之后，即使他只是单纯地摇铃铛，不给狗喂食，狗也会无法抑制地分泌唾液。这个实验也被称为"条件反射实验"，他后来又把实验运用到了人身上。他让一个男孩说出数字4，只要说出这个数字，就会奖励男孩一块蛋糕。重复数次之后，当他问男孩，2乘以2等于几时，男孩还没说出答案，口水就流出来了。

第一章
什么在操纵你的选择

　　这个实验说明了，这种不断重复的诱导行为，能够使人产生某种不受思维控制的"条件反射"，甚至能够重塑人的大脑。这样一来，即使他人不施加任何外力，也能够悄悄地控制一个人的思想和行为。高端的洗脑者正是擅用这种方法的行家，而我们多数人之所以能够被诱导，就是因为我们对这种潜意识的沟通和"迷惑"性信息输入的工作模式不甚了解。

　　参加完高考的苏珊，最近因为报考专业伤透了脑筋。本来，以她的分数，她可以轻松地进一所当地的知名大学，但是在填报专业时，她却开始纠结了。父母及周围的亲戚、朋友都建议她填"经济学"，理由是将来可以在当地的金融系统找一个好工作。而苏珊本人则从高中时就对生物学极为迷恋，她的本意是想报考"生物学"，可这遭到了周围人的强烈反对，理由是生物学将来毕业后太难就业。在接下来快半个多月的时间里，她都在为该报考经济学还是生物学而纠结着……

　　为了让苏珊屈从自己的决定，父母更是请来了在金融系统工作的颇有名望的舅舅，劝她立即报填"经济系"。几天时间里，舅舅都对她进行了"洗脑"，并从现实角度出发，帮她分析了当下大学毕业生就业的艰难处境，又向她描述了改学"经济学"后的美好前景，这让苏珊有点动心。随后，家里的众多亲戚和同学，都过来劝说苏珊，一周后，苏珊彻底改变了主意，屈从了父母的意见。

　　可是，改学"经济学"后，苏珊变得很不快乐。枯燥的经济学定律激发不出她学习的任何兴趣，烦琐的经济学数据更是让她头疼不已。她很努力，学得也很辛苦，但没有丝毫成效，大一刚结束，她就因为多门课程不及格而被学校通知重修一年……

　　苏珊所经历的其实就是选择意识被人操控的过程。与苏珊一样，生活中我们多数人所经历的心理操控并不是仪式化、极端化的，它们通常是以友善而不易察觉的面貌出现在我们的身边。对我们来说，这种操纵者才最应该提防的，就像苏珊的父母以及亲戚、同学等，他们总是打着"为你

好""我们不会害你的""我们最爱你"的口号来让你放下你本意的选择，屈从于他们的意志。

当你在做选择时，别人在你身边喋喋不休，想将他们的"意愿"通过"洗脑"的方式植入你的意识中时，你应该果断清理掉它们。因为很多时候，它们是潜伏在你大脑中的"敌人"，会对你的人生起到误导作用。同时，在做选择的时候，我们也无须太过计较那些所谓的"薪水"或"报酬""他人的意见"等，而是应该遵从自己的本心，选择那些最适合自己发展的人生方向或职业，那样你的人生将会是充满快乐和幸福的。

03. "命运"铁律：种"因"得"果"

有人说人生充满了偶然的际遇，你永远无法确定下一秒钟会发生什么，而思想家苏格拉底却认为每一件事情的发生都有一个确定的理由，每一个结果都是由特定原因导致的，今天的一切都不是偶然的产物，而是和昨天的历史息息相关。这种事物间有因则有果的逻辑联系被称为"因果定律"。

也就是说，在你身上所发生的一切，都是你先前所种下的"因"结出的"果"。换句话说，当你看到任何现象的时候，你不用觉得无法理解或者奇怪，因为任何事情的发生都必有其原因。

因果定律就像万有引力一样在现实生活中普遍存在，自然界中的草长莺飞、春华秋实皆是因果定律运行的结果，当你审视自身时，会发现人的事业、情感、家庭、人际关系等各方面所得的"果"，都是自己过去种下的"因"所决定的，你人生的峰回路转、柳暗花明也都与因果定律有关系。

拿破仑·希尔有一次到一所大学演讲，婉言拒绝了100美元的酬劳，理由是他在演讲中收获的东西要远远多过应得的酬金,校长为此非常感动,曾经动情地对自己的学生说:"我在这所学校工作了整整20年,曾有很多人应邀到我们学校发表演讲,但头一次碰到有人拒绝酬劳的情况,他声称能跟年轻人分享人生经验是一件很愉快的事,自己从演讲中也收益良多,因此坚决拒绝收取任何报酬。那个人是一家杂志的总编,我希望你们多多阅读他的杂志,因为他身上所具有的美德是你们从任何一本书上都学不到的,而这种美德和品质却是应该具备的,也是你们走向社会后最为不可或缺的东西。"

这所大学的学生于是纷纷订购拿破仑·希尔主编的《希尔的黄金定律》,杂志的销量瞬间猛增,杂志社在很短的时间内就获得了6000美元的订阅费,此后又从该校直接或间接受益5万多美元。

有的人一生获得无数成功,有的则连一次成功的滋味都没品尝过。你是否想过为什么会出现这种截然不同的结果?失败的人总是会抱怨自己的运气差,甚至将其推脱给客观条件或者外在因素;成功人士在总结经验时,经常要提及自己的聪明才智和好运气,但同时也强调了很重要的一点:吃得苦中苦,方为人上人。这"苦"中饱含着汗水、泪水,它有力地向人们诠释了因果定律的关系。

因果定律以最为简单的形式告诉我们,如果生活中你为自己设定了想要得到的结果,就要按照事物发展的一般规律往前推"因",并为此付诸努力。这不是奇迹,而是很自然的。如果你拥有一份足以让自己引以为傲的事业,显然是自己努力打拼的结果;如果你拥有一份美好的爱情或是一个美满的家庭,显然是你懂得珍惜和经营的结果;如果你朋友众多、人缘极佳,是因为你本身具有吸引人的特质和魅力。反之,如果你情感事业双双受挫,生活潦倒不堪,多半是因为你为自己的人生播下了不良的种子,以致它不能生根、发芽,更谈不上开出芬芳的花朵,结出硕果了。总之,任何事情的发生都是有原因的,而不是一种偶然,即便是偶然的事件也带

有一定的必然性。

智者说:"菩萨畏因,凡夫畏果。"这是因为凡夫看不到事情的因果关系,所以只知道一时痛快,却不愿意承担由此而来的后果;拥有大智慧的菩萨则不然,他们知道"因果定律"在人生中的作用,也知道每个人的生命之歌正是自己的回声。所以,聪明的人也应该在一开始就考虑到后果,并以此来选择未来对自己最有利的行动方式。

爱默生说:"因与果,手段与目的,种子与果实,全是不可分割的,因为果早就酝酿在因中,目的存在于手段之前,果实则包含在种子中。大自然法则:从事工作,你将拥有权利,而不工作的人,将没有权利。"你要得到某样东西,一定要付出更多的努力,把与该事情相关的每一件事情都做好,这样你才能从该事情中得到丰厚的回报,付出越多才能收获越多。

04. 影响或误导:你的人生轨迹是如何被"更改"的

很多人都认为"我的人生我做主"这是一种主观的意识理念。其实,你的人生轨迹也受你所生活的人与环境影响,尤其在与他人相处或交往中,相互间会产生影响。这种人与人之间以直接或无形的方式来作用或者改变他人的行为,且对事物产生一定影响的就是心理学上的"影响力效应"。不可否认的是,一个人对另一个人所产生的影响有正面的,也有负面的。正面的影响力能让人产生积极的情绪与正面的体验,从而激发各自的潜力,促进积极自我的形成。比如,一个睿智、博学、品德高尚的老师,他教出来的学生很可能会跟他一样,成为一个优秀的人。当然了,负面的影响则会把人带入死角,将你禁锢在一个笼子里,让你形成巨大的思维盲点。比如,在群体中,他人的想法可能会对我们的自主思考进行干扰，我们会不自觉地遵循群体的法则，按照他人的要求或者规则去做事情。这个时候的我们，已经完全失去了自主性和独立性；再比如，我们每个人都容易受一些传统观念的影响，这样便可能会削弱我们的创造性，束缚我们的想象力，逐渐演变为"僵化思维"。

李嘉诚的儿子出国求学，李嘉诚为他购买的头等舱。他告诫儿子说，回来你要坐什么舱，是要靠自己挣钱买票的。这是为何？其实，这是在为儿子灌输一种挣钱的理念和态度，要为他设定一个具体的财务目标。

心理学上有个概念，一个心理贫穷的人，在现实生活中是不会富有的；一个"心态树"上没有硕果的人，在现实社会中是不会有丰收的。所以，对我们来说，要想塑造自己积极、正面的心智模式，就要多与正能量的事和人接触、交往。

当然，一个人的影响力也是其人格魅力的体现。高明的政治家都善于运用影响力来赢得选择；精明的人则会运用影响力来打造品牌、兜售商品；聪明的父母知道如何引导自己的孩子，将他培养成才；睿智的老板也知道如何运用自己的影响力，让员工心甘情愿地服从自己。擅用影响力的人，也都是沟通高手，他们似乎不费吹灰之力，就能够让别人从负面抵抗变为积极合作，他们能够如愿以偿地让每一个人都按照他们的意愿来行事。

避开负面的影响力，才能够真正拥有独立、理性的思维。吸取正面的影响力，巧妙地为自己补充正能量；而学会运用影响力，我们就能让它成为自己的社交利器。

05. 情绪定律：情绪决定你的一切

心理学上指出，人大都是情绪化的。再理性的人，其思考问题的时候，也会受到自身当时情绪状态的影响。"理性地思考"本身就是一种情绪状态，所以说人是情绪化的"动物"，任何时候你所做出的决定都是情绪化的决定，这便是所谓的"情绪定律"。这也从侧面告诉我们，我们人生中所做的任何决定、选择等，都是个人"情绪化"的结果。

无论何时，人都是带着情绪在生活。当然了，情绪有积极与消极之分，但我们要明白，消极的情绪与积极的情绪同样对人有帮助，也就是说，每一种情绪都有其独特的用途。比如，积极的情绪可以让我们充满力量、幸福和快乐，而消极的情绪则能让我们保持清醒。比如痛苦能让我们回到此时此刻的现实中，内疚能让我们重新检查自己行动的目的；悲哀则会让我们重新审视目前的问题所在，并改变某些行为；焦虑能提示我们多做准备；恐惧则能动员全身心，使之行动起来，应付险情。所以，当生活中消极情绪袭来的时候，切勿费尽心思去排除消极情绪，而是应该加以利用，使"坏事情"转变为"好事情"！

当然了，多数人都不想从消极情绪中学习，而喜欢从积极情绪中获取力量。为此，遇事我们要从多个角度去考虑。同一件事或情境，如果从一个角度看，可能会引起消极的情绪体验，陷入心理困境；而从另一个角度去看，则会发现积极的意义，从而使消极情绪转化为积极情绪。

在一条菜市街上，一位卖果蔬的老妇人，做人很是厚道，对客人也极为热心，无论面对怎样刁难的顾客，她都能和颜悦色地对待。另外，她的果蔬不仅新鲜，而且价格也极为公道，所以，生意总是特别好。这让与她相邻的几家小商贩很是不满。为了出气，他们每天在扫地的时候，总会有

第一章
什么在操纵你的选择

意地将垃圾扫到她的店门口。面对此,这位老女人看在眼里,却未与他们计较,而且每次还会把垃圾扫到角落里堆起来,然后又将店门清扫得干干净净。

后来,有一位热心的人忍不住问她说:"周围所有人都将垃圾扫到你家大门口,你为什么一点脾气都没有呢?"老女人却笑道说:"在我们家乡有个习俗,过年的时候大家都会把垃圾往家里扫,因为垃圾就代表财富,垃圾越多,就代表来年你赚的钱也越多。现在每天都会有人把垃圾扫到我这里,代表我的财运不错,我感谢他们还来不及呢,怎么会发脾气呢?"

就这样,老妇人每天都会在清扫垃圾的过程中,将有用的收起来,变废为宝,为自己带来了一笔额外的收入。

面对他人的故意挑衅,很多人都会大动干戈,怒火中烧。而这位老妇人却能及时地转换自己看问题的角度,欣然接受,并将垃圾变废为宝,为自己赢得了财富,这难道不是一种过人的智慧吗?很多时候,事情还是同样的事情,只是自己面对它带着不同的情绪,得到的便是两种截然不同的心情。学会调整自己的情绪,你就会多一些快乐。

自己快乐的钥匙从来不是掌握在别人手中,而是掌握在自己手中。你今天因为别人的一句无心的批评而郁闷吗?会因为别人一个不礼貌的举动而气愤吗?要清楚,你的这些坏情绪并不是他人所造成的,而是由自己的情绪造成的。因此,我们要做情绪的主人,心别轻易被情绪牵着鼻子走。心理学家指出,人不仅仅是消极情绪的放大镜,而且是积极情绪的"制造者",生气和郁闷只是在折磨自己而已。所以,无论何时我们都应该学会调整自己的情绪,这样就可以保持积极的情绪了。

当然,要拥有积极的情绪,除了懂得换个角度看问题外,还应该拥有一颗宽容、大度的胸怀,能接纳自己的情绪变化,善于及时调整自己的不良心态,掌握有效的自我调整方法等。这些方法在现实生活中很是实用。比如,不慎掉进了河沟里,你就可以想到也许有一条鱼会游进你的口袋里；如果你不是老想着自己是否幸福，你就获得幸福了；有人站在山顶上，有人站在山脚下，虽然所处的地位不同，但在两者眼中所看到的对方确实是同样大小；失败并不意味着浪费时间和生命，而意味着又有理由去拥有的新的时间和生命等等。如此，你便能保持在积极的情绪中了。

06. 吸引定律：人人都会吸引自己的"同类"

吸引定律又名吸引力定律，或吸引力法则，是自然法则的三大定律之一。它具体是指，当你的思想专注于某一领域的时候，跟这个领域相关的人、事、物都会被你吸引而来。也就是说，在现实中，你的感觉、你的思想和你所面对的现实，他们之间从来都是一致的。正确地使用你的意识，就可以将自己最想要的东西吸引过来为你所用。吸引定律源于量子力学的概念。量子力学表明，世上的万事万物都是由能量组合而成的，而能量就是一种振动频率，每种东西都有它不同的振动频率，所以才出现了事物那么多不同的面貌，无论是像桌子、椅子等有形的物体，还是思想、情绪等无形的东西，都是由不同振动频率的能量组成的。比如，一排音叉，当你敲响其中一个，音叉发出清脆的高调乐声，没多久，其他的音叉也会发出同样高调的乐声，它们的声音会互相应和，产生共鸣，甚至愈来愈大声。也就是说，世间万物是普遍相关联的，这种关联性可以用"吸引"来概括，就像磁铁可以吸引另一块磁铁，这种吸引力源于它们之间"类"的相同。

在现实生活中，很多人都曾亲身体验过吸引定律的作用。比如，你总觉得自己有病，有一天体检后便真的接到了医院的疾病通知单；当一个人坚信自己会成为富有者，他最终真的成为富有者；你总是担忧自己考试通不过，结果真如你所料……吸引定律无时无刻不在对我们的生活、机遇乃至"命运"发生作用。其实，在漫漫的宇宙中，你就像一块磁铁，会将类似于你的思想、人、事、物以及生活方式吸引到你的生活中来。确实，发生在我们生活中的每件事情，都是人们借助于吸引定律的强大力量而到自己生活中来的。

从小在乡下长大的凯西是个严重的自卑者，她觉自己是个小丑，整天被学校的小伙伴欺负，而她只能忍受着。毕业工作后，她也总被严酷的现实生活所折磨。在工作中，她的同事常常会因为她不合群的个性而欺负她，她感觉非常有压力。她说，当自己走在街上，在每个街区，都有人会以不屑的眼光去看她，觉得她是个十足的怪胎。她从小的梦想就是成为一名独角戏的喜剧演员，但当她演出节目时，在场的每个人都会嘲笑她，觉得她是一个严重的精神病患者。她的生活充满了不幸和苦难。

后来，凯西走进了一家心理咨询室，诉说了她的烦恼。心理咨询师告诉她说，你别总把注意力集中到那些你不想要的东西上面，而是把你想要东西的用笔写下来。凯西在纸上写下了"阳光、快乐、幸福、积极"等词汇。然后，心理咨询师告诉她接下来就要将这些词汇装在自己的头脑中，开始不停地默念，尽量不要去想生活中那些不好的东西。接下来的6周到8周时间里，奇迹确实在凯西身上发生了。她说，办公室里那些曾经嘲笑过自己的同事看起来貌似对她友好起来了，她的上司竟然也开始赞美她的出色表现了，她也开始热爱她的工作了。当她走在大街上时，脸上总带着阳光般灿烂的笑容，街上的人开始对她点头示好了。当她再次出演社区组织的独角戏节目时，她开始受到热烈的欢迎，甚至还有人给她送鲜花。她的生活开始改变了，因为她不再去想那些她不想要的东西。那些她曾经担心害怕的事情，那令人自卑的因素已经彻底从她的脑中清除掉，她的注意力都集中到她所希望的事情上面。

的确，每个人都好似一块磁石，总是吸引与她同类的事与物。物理学上有同频共振，同质相吸的理论。就是说，频率相同的事物，会引起共振。而人类所有的思维活动，都会产生某种特定的频率，而这种频率就好比杜鹃用于求爱的信号、蝙蝠用来探路的超声波。它会吸引同样的频率，引发共振，从而将我们的思维活动中所涉及的任何事物吸引到我们的面前。对此，也有些人会产生这样的疑惑：为何我整天都在想我不想那样东西，而那样东西则偏偏出现在我面前。大多数人之所以总是会面对自己不尽如意的现实，就是出于对吸引定律的无知。吸引定律才不管你认为某件事情是好是坏，也不管你是想要还是不想要它，它只是回应你的想法。所以，当你看到你想要的东西，并从心底里接受它，你就召唤了一个思想，吸引定律也就会响应你的这个思想。但是，当你看到你不想要的东西，并在思想里排斥它的时候，你并没有真正把它推开，相反，你召唤了一个你不想要的思想，而吸引定律就是会把你不想要或不喜欢的东西，吸引到你的身边来。这是一个以吸引力为基础的宇宙，每样东西都和吸引力有关。吸引定律总是在起作用，无论你是否相信它，是否理解它，它总是在起作用。

当然了，我们也不要误会，吸引定律不是"魔法"，而是符合自然法则的。你切勿妄想仅通过幻想便可以获得物质财富和个人成就。重要的是感觉而不仅仅是思想，若没有内在丰盈的感觉，你是不可能拥有足够高的频率吸引美好的事物到现实生活中来的，因为心脏的频率比大脑要高出许多倍。当然，如果你自己都不清楚自己想要什么，或者不能始终专注于你想要的事物上面，即便再努力工作也难以得到你想要的幸福生活。因此，要想让吸引力发生作用，你一定要非常清楚自己想要什么。当你始终向外界释放积极的情绪时，你就能获得积极的反馈。当然，做到这一点需要训练。但是，如果你不够专心，当机遇来敲你的门时，你也会错失良机。

对普通人来讲，了解和运用吸引定律是一件极有兴趣的事情，因为你总是会期待地观察，等待你想要的事情出现，你可以刻意地运用这个定律来创造你的未来。吸引定律已经时刻在为你工作，无论你是否意识到，你正在吸引相关的人、状况、工作等等东西到你的生活中来。一旦你认识到这个定律，而且知道它是如何工作的，你就可以刻意地运用它去吸引你真正想要的东西到你的生活中来。如何运用吸引定律得到你所需要的呢？方法很简单。比如，你想在自己的平凡的工作岗位上做出不凡的成绩，那么你就要集中注意力在你的工作上面，向它倾注你所有积极的能量。你要始终保持良好的状态来对待你的工作，这样你距自己的目标便近了。

吸引定律可以运用到各个领域。比如，它会帮助你成为一个受下属欢迎的领导，受学生尊敬的老师，受同事喜欢的工作伙伴。它也可以帮助你实现自己的目标，实现你认为自己不可能实现的目标。总之，当你需要实现某一目标时，你就要竭尽自己的全力，保持良好的状态，把你想要得到的东西吸引过来。

07．鸟笼逻辑：你是如何被外界所"塑造"的

一位心理学家曾与一位叫乔治的朋友打赌说："如果我给你一个鸟笼，并且挂在你房中，那么你就一定会买一只鸟。"

对于这个问题，乔治同意打赌，因此心理学家便买了一只非常漂亮的瑞士鸟笼给他，乔治便把鸟笼挂在起居室的桌子旁边，结果大家可想而知，当人们走进来时就问道："伙计，你的鸟什么时候死了？"或者会有人说："乔治，你可真有情调，以前笼子里养的是什么鸟？"

对此，乔治会立刻回答："我从未养过一只鸟。"

"那么，你要一只鸟笼干嘛？"几乎所有人都会这么说。

乔治无法解释。

后来，只要有人来乔治的家中，便会问同样的问题，乔治心情因此搞得很是糟糕，为了不再让人询问，乔治干脆就买了一只鸟装进了鸟笼里。

对此，心理学家朋友解释说，去买一只鸟比解释为什么他有一只鸟笼要简便得多啊。人们经常是首先在自己头脑中挂上鸟笼，最后就不得不在

谁在掌控你的人生：
不可不知的100个心理学常识

鸟笼中装上什么东西。

"有笼必有鸟"的心理图式，导致了人们思维上的定势，是个绑架个人潜能的伪命题。心理学家也从侧面告诫人们，要懂得思维跨越，别被定势思维所限制。

其实在人际关系中，"思维定势"也是一种极为强大且极为顽固的影响力，故事中的乙就是无法忍受被别人用习惯性思维的逻辑推理误解，最终屈服于强大的惯性思维。这种思维也影响着我们绝大多数人的行为模式与思考方式。其实，生活中多数人在多数情况下，其眼界、思维、选择等都是受"思维定势"局限的结果。

所谓的"思维定势"就是人们在学习和工作中，由于经常反复思考同类或者类似的问题，时间久了就会形成固定化的思维模式，这种思维模式就是我们平时所说的思维定势，也就是人们的一般性思维。其实，我们并不完全是自己的主人，或者说，我们之所以是我们，除了内在的特质外，更重要的原因是受到诸多"思维定势"的影响，所谓的"我们"就是这样被外界所塑造的。

这让人想起了心理学上一个极为重要的实验：

在跳蚤头上罩一个玻璃罩，让它跳，跳蚤碰到玻璃罩后便弹了回来。如此连续几次之后，跳蚤每次跳跃就开始保持在罩顶以下的高度。然后将玻璃罩再降低一点，跳蚤总是在破壁后跳得更低一点儿。最后，当玻璃接近桌面时，跳蚤便已无法再跳了。科学家移开玻璃罩，再拍桌子，跳蚤还是不跳。这时的跳蚤已经从当初的跳高冠军变成了一只跳不起来的"爬蚤"。

跳蚤通过多次实践，长期积累起来的认知判断，限制了其潜能，最终只能成为跳不起来的"爬蚤"。可见，限制一个个体潜能的，不是什么后天条件、努力程度或者能力等，而是思维力。思维力在很大程度上决定着一个人的行事方法、为人之道，这些都直接决定了一个人的前途命运。

夜市上，有两个卖砂锅的小摊，两人每天同时出摊，同时收摊，一个一年后买了闹市区的房子，一个一年后仍然一无所有，造成两者命运不同的原因是什么呢？

原因是做出的砂锅面都很烫，一个每次做好面把砂锅放到冰上冰 30 秒后才端给顾客，顾客吃的时候温度刚刚好，一个做出来直接就端给顾客，顾客因为太烫一下子吃不了，仅仅是短短的 30 秒，使得两者的顾客流量完全不同。

同样卖砂锅面的，命运却千差万别，与其说是其经营方式不同，不如说是其思维方式的不同。那位发达的小摊贩，善于运用逆思维心理，即"时刻站在客户的角度去考虑问题"，用短短的 30 秒时间改变了自己的命运。对此，华人首富李嘉诚先生说："要永远相信，当所有人都冲进去的时候赶紧出来，所有人都不玩了再冲进去，这便能抓住好的商机。在商海中摸爬滚打这么多年，如果非让我总结自己成功的秘诀的话，我只能说一句：你要让你的客户有利益。"这种逆思维法，也是使李嘉诚的商业帝国不断创造出财富神话的主要原因。

有人说，细节决定命运，但真正决定命运的关键是思维力，它能解决看似无法解决的问题，让你独辟蹊径，在别人没有注意到的地方有所发现，有所建树，从而制胜于出人意料。同时，还会使你在解决多种问题的方法中获得最佳方法和途径，将复杂问题简单化，从而使办事效率和效果成倍提高。另外，它还能改写命运，化普通为传奇。

08. 羊群效应：使你"误入歧途"的那些力量

很多时候，我们并不完全是"自我"的主人，而是被外界一些力量无形中"操控"的结果。除了"惯性思维"外，还有一种力量那便是"羊群效应"。羊群并不是一个纪律严明的组织，平时很是散乱，总是乱哄哄地

谁在掌控你的人生：
不可不知的100个心理学常识

左冲右撞。但是，只要有一只羊奔走起来，羊群就会盲目地一哄而上，根本就不考虑前方会不会遇到天敌狼，即便附近有更好的草场它们也不肯停下脚步。这种盲目从众的心理被称为"羊群效应"。

羊群效应在日常生活中是普遍存在的，比如大街上突然有一个人抬头看天，人们不知道他看到了什么，但也纷纷地仰头观看，随后会有更多的人加入这个行列，以至于后加入的人误以为大家看到了UFO或者是什么百年难遇的奇景，而事实上第一个看天的人可能只是在欣赏蔚蓝的天色或是用目光追逐几抹流云而已。羊群效应反映的其实是一种随大流的心理，人们对于不了解、没把握的事情，不喜欢自己单独做决定，而会倾向于选择追随大众的脚步，以为这样做可以提高自己的安全系数，而事实上这种盲从行为往往会把人带入"误区"或"歧途"。比如，一个对文学有着浓厚兴趣的高中生，看到周围的同学都报考了计算机，因为计算机会有良好的就业前景，因而也改考了计算机专业，到学校后却发现自己根本不适合学计算机，于是硬生生地毁了自己的前途；还有一些毕业生在就业时，看到周围的同学都在销售行业就业，而且还赚到了可观的佣金，于是就不考虑自身的实际条件，纷纷入行，最终无功而返。

一位石油大亨到天堂去参加会议，一进会议室发现已经座无虚席了，没有地方落座，于是他灵机一动，喊了一声："地狱里发现石油了！"这一喊不要紧，天堂里的石油大亨们纷纷向地狱跑去，很快，天堂里就只剩下那位后来的了。这时，这位大亨心想，大家都跑了过去，莫非地狱里真的发现石油了？于是，他也急匆匆地向地狱跑去。

这虽是一则笑话，却真实地揭示了现实生活中存在的一种现象：从众心理很容易使人的思维变得盲目，盲目往往又会使人陷入骗局或者遭受失败。

其实，这种"随大流"的现象，在每个人身上都曾经发生过。在现实生活中，很多时候，甚至可以说是大多数时候，人们怎么说、怎么做往往会参照大多数人怎么说、怎么做。比如顺应风俗，追赶时髦，追赶潮流等。人人都有从众心理，这其实是有深层的心理原因的。

在《乌合之众》中，勒庞提出了"群体是盲从的"观点。即指在群体中，个人的才智与个性被削弱，群体往往会表现出冲动、急躁、缺乏长远打算、情绪夸张与单纯、轻信、易受暗示，许多人就是在这样的情况下误入人生的"歧途"的。

"羊群"式的盲从最常见于金融市场，经验不足的投资者很容易一味听信所谓的专家、权威人士以及内部消息，盲目去仿效别人。即便他们获悉的判断和信息是理性的、准确的，如此大的"羊群"涌入，在放大效应和传染效应的作用下，也会打翻杠杆的平衡。比如2007年，当华尔街正在遭受金融危机的冲击时，中国股市却冲上6000点，菜贩和清洁工都在谈论基金时，其结果已昭然若揭。事实上，大机构早已撤场，被套牢的永远是散户。为此，要想做一个"智者"，就要懂得摆脱从众模式思维，不做盲目跟风的愚蠢的羊，而且懂得在关键时候学会与群体差异化。要知道，很多时候，没有差异往往难得要领，有形而无神，没有差异化，也难以突出个性与品位。伯乐立于万马奔腾之中，要想被发现就要显示出你的与众不同来。

有美国钢铁大王之称的卡内基在很小的时候家境极为贫寒。有一天，他经过一个建筑工地，看到一个衣着花鲜、如老板模样的人。卡内基便走过去问道："请您告诉我，我如何做，长大后才能成为像您这样的人呢？"

那人听罢笑着说道："你去买一件红色的工衣，然后再努力工作。"卡内基满脸疑惑。那个人便指着远方正在工作的人们说道："你看他们都是我的员工，我无法叫出他们每个人的名字，有的人甚至一点儿印象也没有。可是，仔细地向那边看……"说着他又特别指向其中一位工人："那个人穿了一件红工衣，其他人都穿蓝色的，只有他显得很特别。我关注他已经很久了，他工作努力，勤奋上进。这几天，我准备委派他做我的监

工。我相信，他以后会更加拼命地工作，说不定哪天还会成为我的副手呢！"

成功并非你随便想想便可以达到的，还要有与众不同的智慧、思想和行为。富有魅力的、吸引眼球的，往往是最鲜明的"那一个"，而不是几乎完全雷同的"那一些"，做人如此，做事亦然。

生活中，很多人处理事情首先使用的就是从众思维模式。因为这种思维能够给人带来安全感，而不至于使自己太过孤独。而且，很多时候按照大家公认的态度和方法来处理问题，是比较保险的。如果这件事情处理得很好，自然自己脸上有光；如果处理得不好，也完全可以自己宽慰自己。

陷入从众定势之中，就会使人在面对任何问题的时候很少或根本不进行独立思考。所以，当我们面对新情况、新问题的时候，就需要开动脑筋，突破从众思维。因为多数人也可能是错误的，要知道，有时候"真理就掌握在少数人的手中"。千万不要被多数人的所谓正确的观点所束缚，而应该拓宽你的视角，开阔思路，做个有独立思想的人。

对于个人来说，跟在别人屁股后面亦步亦趋难免被吃掉或被淘汰。最重要的就是要有自己的创意，不走寻常路才是你脱颖而出的捷径。不管是加入一个组织或者是自主创业，保持创新意识和独立思考的能力，都是至关重要的。

09. 杜利奥定理：生命不可缺乏激情

仔细观察你会发现，那些碌碌无为、潦倒失意的人大多目光呆滞、暮气沉沉，一副未老先衰的样子，而事业有成的人大多昂扬自信、神采飞扬，即便到了垂暮之年依旧像年轻人那样富有朝气和活力。这是为什么呢？究其原因，主要和心态有关。

第一章
什么在操纵你的选择

美国自然科学家、作家杜利奥说:"没有什么比失去热忱更使人觉得垂垂老矣,精神状态不佳的了,而且一切都将处于不佳状态。"这种论断便被称为"杜利奥定理"。杜利奥定理告诉我们,如果一个人对人生缺乏最基本的热情,便不可能在任何领域有所建树。

其实,人与人在智力和能力方面的差距并不悬殊,造成彼此间巨大差异的,主要是对待人生的态度。以热忱积极的态度面对人生,你就像喷薄而出的朝阳,照亮世界的同时也照亮了自己,人生会一直处于上升期。以消极颓废的态度面对人生,你就像日薄西山的落日,失去了应有的光彩和光辉,随时都有可能沉没。

在这个世界上,没有什么比心灵的衰老更可怕了,一个人可以优雅地自然老去,但决不能在风华正茂之时让心灵提前衰老。没有激情的青春是不值得度过的,没有激情是对青春最大的辜负,所以我们一定要把握好美好的年华,活出属于自己的风采来。

克罗克来到这个世界时,美国轰轰烈烈的西部淘金运动刚刚落下帷幕,他错过了那个狂热的时代,也错过了改变贫穷命运的最佳机遇。1931年,踌躇满志的他正准备上大学,想要用知识改变命运,结果却赶上了百年不遇的经济大萧条。由于经济不景气,人们的钱袋都瘪了下来,囊中羞涩的他已经无力支付大学学费,只好辍学尝试做房地产生意。

随着经济的复苏,房地产业的前景越来越被看好,克罗克的生意也开始有了起色,可就在这时第二次世界大战爆发了。战争的阴云席卷了世界,人们全都活在深深的恐惧之中,谁还有心思购房安享生活呢?房价随着动荡的时局一路下滑,克罗克破产了,为了生计,他频繁换各种工作,当过急救车司机,做过钢琴演奏员,还推销过搅拌器,然而生活的磨难并没有泯灭他心中的激情,他依旧执着于对理想的追求,从来没有想过放弃。

1955年,克罗克结束了漂泊在外的生活,回到了故乡,变卖了一份产业后，又开始筹集资金做生意。经过市场调查，他发现麦当劳兄弟开办的餐馆生意非常红火，因此非常看好餐饮业的发展前景，但是他已经年过半百了，但依旧像一个热血青年一样充满斗志，依然决定从头做起。他先是到麦当劳餐馆打工，学会了制作汉堡，然后举债买下了这家餐馆。凭借着非凡的经营才能和不懈的努力奋斗，克罗克将一家特色小餐馆变成了享誉世界的快餐品牌，把连锁分店开遍了全球，他本人也成为了在美国最有影响力的汉堡大王。

丹麦心理学家克尔凯郭尔说："要么你去驾驭生命，要么是生命驾驭你。你的心态决定谁是坐骑，谁是骑师。"狄更斯说："一个健全的心态比一百种智慧更有力量。"人，最大的对手和敌人不是别人，而是自己。人生最大的障碍，也是来源于自己。不要总是抱怨命运不公、运气不好，你的人生并不是由这些客观因素决定的，而是由你的心态决定的。

心理学家曾经做过一项调查来揭示成就和态度之间的关系，结果显示：积极、主动、果断、毅力、奉献、乐观、信心、雄心、恒心、决心、爱心、责任心等要素对一个人的成功起到的作用占80%，口才、技术、创造力、工作能力等通过后天学习修炼出来的技巧对于成功起到的作用占13%，而运气、机遇、天赋、相貌等先天性因素对于成功的影响是非常小的，它们起到的作用只占7%。由此可见，态度决定一切，你若以青春和热血书写人生，就一定会获得超值回报，反之，在最该奋斗的年纪，选择浑浑噩噩虚度青春，则会一无所成。

爱默生曾经说过："热情像糨糊一样，可以让你在艰难困苦的场合里紧紧地粘在这里，坚持到底。"只要你还对生命怀有如火的热情，身体便时刻充满了力量，每一个细胞都会以最好的状态积极备战，在这种情形下，自然会所向披靡，还有什么目标是达不成的呢？

10. 波特法则：能让你脱颖而出的"独特定位"

人生在世，谁都想不虚此生，人人都期望做出一番骄人的成就，可不是所有的人都能如愿，遗憾的是不少有优秀潜质的人不能充分发挥自己的聪明才智，默默无闻地度过了一生，这是为什么呢？究其原因，主要在于他们不清楚自己的核心优势是什么，也就是说他们对自己没有一个独特的定位，所以无法让自己在人生的舞台上大放异彩。

美国哈佛商学院教授 M·E·波特指出，在激烈的竞争中，拥有独特的定位，才能获得独特的成功。这就是所谓的"波特法则"。波特法则强调对竞争对手最有效的防御手段就是：阻止彼此间的战斗，不去走一条狭窄拥挤的路，给自己一个独特的定位，选择差异化道路，这样就不会跟任何人撞车，也不会被任何强劲的对手打败了。

其实每个人都是与众不同的，每个人都有属于自己的亮点，可惜的是大多数人都走上了大众化的道路，浪费了自己的青春和才华。仔细分析你就会发现，杰出人物之所以能够闪光，不是因为优秀是他们与生俱来的品质，而是因为他们正确地运用了波特法则，充分展现出了自己最为独特的一面。罗纳尔多能成为足球先生，比尔·盖茨能缔造微软帝国，马尔克斯能获得诺贝尔文学奖，皆是因为他们不走寻常路，结合自身的优势，给了自己最独特的人生定位。精英们之所以出类拔萃，不在于他们先天上具有多少优势，而在于他们能否充分运用天赋，施展自己的才华，这才是精英由平凡走向卓越的奥秘。

诺贝尔化学奖的获得者奥托·瓦拉赫在中学时代并不清楚自己擅长什么，父母希望他能成为文学家，于是就苦心孤诣地培养他在写作方面的能力。瓦拉赫虽然学习很用功，但整整半个学期过去了，他的表现始终差强

人意，老师给他的评语是："瓦拉赫学习认真刻苦，可是写东西太过拘泥刻板了，这样的学生几乎不可能在文学上取得任何造诣。"

瓦拉赫的父母被告知他们的儿子根本不是当作家的料，不免有些失望，不过很快他们又为儿子找到了新方向，没过多久便安排他学习油画创作。可瓦拉赫根本就对构图不感兴趣，他对艺术的领悟也比同班同学要差得多，所以他的绘画成绩在班级里总是排在倒数的位置。学校给他的评价更糟，老师几乎把他说成了不可雕琢的朽木。

瓦拉赫一度被当成差生，许多老师都对他失去了耐心，说他不可造就，只有化学老师在他身上发现了闪光点，说他做事严谨，无论干什么都一丝不苟，这种优秀的品质正适合从事化学研究，于是便建议他尝试着改学化学。瓦拉赫在化学老师的帮助下，走上了最适合自己的发展道路，在校期间学习成绩一直名列前茅，长大后还因为对科学领域的杰出贡献荣获了诺贝尔化学奖。

瓦拉赫的故事告诉我们，一个人的能力发展是很不均衡的，每个人都有弱点，也都有自己最独特的优势，只有找准了定位，挖掘出自己的潜能，才能取得不俗的成就。所谓的庸才不过是暂时没有找到定位的人才，这样的人只要发现了自己最有价值的独特之处，是完全有可能实现华丽的转身的。

不少人认为自己怀才不遇是因为缺少机遇，但俗话说得好："是金子总会发光的。"没有发光的金子之所以深埋地下、不见天日，原因多半出在自己身上，一味地抱怨机会太少无助于改善现状。仔细观察你会发现，很多人才华横溢、博学多识，但是却没有一项突出的专长，对自己的定位也十分模糊，这才是全部的症结所在。在激烈的竞争中，一个人若是不能展示自己的独特之处，就好比一块没有光芒的石头，不能给人眼前一亮的感觉，这样是不可能赢得更多青睐的。唯有学会运用波特法则，找到自己的独特优势，你的人生才会出现转机。

第二章
什么在决定你的价值

杨绛说:"人活一辈子,锻炼了一辈子,总会有或多或少的成绩。能有成绩,就不是虚度此生了。"这里所谓的"成绩"说的就是人的"价值"。其实,在生活中人人都像商品一般,都有自己独有的"价值",也正是人与人之间的不同"价值"才拉开了人与人之间的距离甚至是阶层与阶层的距离。那么,在生活中,是什么决定了你的"价值"呢?说到底还是思维。

仔细观察,你会发现,那些思路灵活、拥有创新意识的人,其能力和综合素质要远远强于普通人,他们往往能另辟蹊径,做好别人根本做不到的事情。而墨守成规、缺乏独立思考能力的人,每次遇到问题都疲于应付,能力受到抑制,要么被淘汰出局,要么平庸一生。卓越者和平庸者最大的不同就在于他们思考问题的方式不一样,不同的思维方式导致了迥然相异的人生。

01. 你的薪资＝月薪＋学习价值

如果有两份工作摆在你的面前：一份是私营公司里的小主管，工作简单而机械，但是收入可观；另一份是世界 500 强企业区域经理的助理，工作很有挑战性，但是收入仅够维持基本生活。你会如何选择呢？在你做出选择之前，让我们先来看一看华盛顿大学的教授们是如何选择的吧。

坐落于美国西雅图的华盛顿大学风景优美，但是教授的收入要低于其他大学20％。可是，很多教授宁愿选择华盛顿大学也不愿意选择其他高收入的大学。因为他们愿意牺牲获取更高收入的机会而享受华盛顿大学的湖光山色。后来，华盛顿大学的经济学教授们就把大家的这一选择叫作"雷尼尔效应"。而"雷尼尔效应"的心理学原理告诉我们，在选择工作时不要只看到薪水，还要考虑其他的因素。生活中，很多人，尤其是职场新人在面对工作机会时，都会以薪资的多少去盲目地判断一份工作的好坏，而忽视了工作本身所带给你的学习与成长的机会。

其实，真正的好工作，不见得薪水高，却能让你进步。在这样的工作中，你会被逼迫得不断上进和学习。就算现在没机会，以后也会被大家争抢。相反，薪水高但学不到东西，就不能算得上好工作。因为它不会催你学习，让你上进。十年后的你跟今天的你也不会有太大的差异，它非但不能给你前途，在原单位也有可能被淘汰。所以，薪水加上学习的价值，才是你真正的薪资，这才是判断一份工作好与坏的砝码。

现实中，把薪水看得重的人无非有两种：一类是生存压力大，必须要立即从工作中拿到高报酬；另一类是生存无太大压力，但却目光短浅的人。这两类人都是典型的"员工思维"：只顾及当下，不能从长远考虑，

第二章
什么在决定你的价值

所以他们也只能给别人当员工。而那些看重个人成长机会的，通常都是有大胸怀、大抱负的人。

把薪水看得重的人，最终都会因为"停止成长"而获得十分有限的薪水。相反，一份充满学习机会的工作，薪水会因为自身价值的增长而不断地攀升。我有两个朋友，几年前同时参加工作，一个选择到一家知名公司做行政工作，一个选择到一家不起眼的小公司做销售。做办公室主任的进公司时月薪4700元，而做销售的进公司时月薪只有2000元。销售工作比行政更具有挑战性，也更辛苦。几年过去，做行政的朋友月薪仍旧不到5000元，而做销售的那位朋友，因为积累了丰富的人际资源，自己开了一家小公司，每年获利至少有二十几万元。所以，当你一事无成的时候，重要的是想办法通过学习让自己值钱，而不是为了钱而"自断前程"。

李嘉诚当年在给人做学徒工的时候，看中的不是收入，而是那份工作带给他的历练。他不愿意为了钱而工作，更愿意为了微薄的薪水在茶楼给人当学徒。在此过程中，他通过与各种各样的客人打交道，学习了察言观色的能力和与人沟通的能力。在工作中，他心中想的不是这个月我得了多少钱，下个月我能得多少钱，这一年我能赚多少钱，他心中想的是：我什么时候可以学到经营的本领，开创一份属于自己的事业。

一位朋友到悉尼留学，在上学之余，他去兼职做汉语家教。他做家教看中的不是一个小时能赚多少钱，更在意汉语教学带给他的创业机会。通过对不同人的辅导，他掌握了快速学汉语的基本要领和方法，通过一对一的教学，他掌握了针对不同个性采用不同教学的方法。同他一起的还有一位留学生，没做多久就嫌辛苦，不赚钱，开始应付他的每一位学生。小孩子上课的时候想睡觉，他就会趴在桌子上一起睡，只为了蹭那一小时的课时费。

2年后，很努力的那位朋友已经与当地大学教授的课时费持平，找他学汉语的学生已经挤破他家的门槛。等3年后他完成学业时，就在当地组建了自己的汉语培训机构，学生爆满。而那位为了赚钱而应付的留学生，刚刚完成学业，就早早地因为生计问题被迫离开。

这便是差异！为了薪水而工作，前途总归是有限的。你的月薪加上其中的学习价值，才是你真正的薪资，我们切勿盲目因薪水的多寡去判定一份工作的好坏。

当下的许多毕业生找不到工作，其中一个极为重要的原因就是缺乏工作经验，到单位无法一下子接手工作，而诸多单位又不愿意充当人才培训基地。刚毕业的学生没工作经验，这是极正常的事。可令人遗憾的是，很多年轻人不愿意为了获得经验而从事收入较低的工作。你什么都做不了，却开口向用人单位漫天要价，谁会接收你呢？所以，如果你打算为养家糊口，为履行义务总去草率地应付你的工作，那么你一辈子都只会给别人打工且要过一种难以出头的生活。你唯一出人头地的机会在于，你目光远大，你有抱负，你有大志。如果不想一辈子只给人打工，靠微薄的收入过一辈子，那么，刚开始就要端正你的心态，不谈薪水，选择一份能历练自己的工作，让自己先变得值钱，再去想如何赚钱。当你刚毕业就得到了一份工作，你真应该暗自庆幸：有人愿意给你机会让你积累工作经验，反过来还要给你钱。可惜，很多年轻人却看不到这机会中所包含的价值。

很多时候，"机会"总爱穿着"长远"的外衣，而只有智慧的人，才能够看到它究竟藏在哪里。

02. 积累定律：努力让自己"值钱"

很多年轻人都曾梦想做一番大事业，其实天下并没有什么大事可做，有的只是小事。一件小事累积起来便形成了大事。任何大成就或者大灾难都是积累的结果，这便是"积累定律"。也就是说，这个世界所谓的"大成功"其实都是由小事积累起来的结果，你要取得成就，就必须重视每一件小事，重视每一段时光，懂得坚持和坚守。正如马云对所有年轻人的告诫一样，在抱怨自己赚钱少之前，先努力让自己值钱。如果你不相信努力和时光，那么时光会第一个辜负你。如果一个人总是幻想自己"有钱"，不懂得脚踏实地，不懂得在积累中提升自己的价值，最终只会在幻想中"迷失自己"。

多数年轻人不注重积累，不停地换工作，直接原因就在于嫌原来的老板"给得太少"。同时他们逢人便去抱怨老板是如何抠门、苛刻，从不去反思自己为何如此"廉价"。

其实，与其喋喋不休地抱怨工资低、赚得少，不如埋头努力，先让自己"值钱"。要"值钱"，就要懂得在积累中提升自己的价值。就是说你可以先把能赚多少工资的事放在一边，想想如何才能得到一个能够让自我不断增值的机会。

你今天的工资可能是三四千块，如果为了多收入一两千块而频繁跳槽，你的生活现状会真正地改变吗？不会的，你照样买不起车子、房子。最终除了让自己不断在奔波中返回"原点"，就别无收获。

其实，刚刚步入社会的前 10 年，大家的工资是没有多大差距的。你的同学也许早你一年升个什么组长、什么领班、助理等，那不重要，最重要

的是你在第一个 10 年里要扎扎实实地投资自己。

当你人生奋斗的第一个 10 年走完了，如果你扎扎实实地把自己的基本功练好了，到第二个 10 年你才可能有机会成为一个部门主管。那时候，你的身价已经很高，你所掌握的资源、学到的各种技能，已经成为别人永远也盗不走的财富。那个时候，你可以拿着简历趾高气扬地跳槽，也可以理直气壮地要求现在的老板给你加薪、升职。

在人生的第二个 10 年，你可能已结婚，过着上有老，下有小的生活，如果你还能踏实勤奋，你能干到一个部门经理，你的收入还能勉强支撑一个家庭的开支。所以，你还得继续努力，在各种细节方面去积累经验，不断提升你的"身价"。

前面两个 10 年你如果走得够扎实，那么，你有可能会走入人生奋斗的第三个 10 年。如果说前面的 10 年是自我"身价"的提升阶段，那么，人生的第三个 10 年则是你财富积累的开始。那个时候，你可能会有一家自己的公司，你的收入会远大于你的生活所需，人生的财富也会在此期间暴涨。

可是很不幸，绝大部分的年轻人走不到第三个 10 年。他们往往在人生的第一个 10 年，常常因为多计较几百块钱的工资而放弃大好的学习机会。从此之后，其人生都在不断颠簸中度过。

事实证明，那些在刚开始就注重机会和自我成长的人，最终都能成为不凡者。

在美国西部，有位年轻的小伙子总梦想着自己能成为一名新闻记者，可他缺乏经验又没有熟人。他不知道如何才能得到一份报社的工作。有一天，他灵机一动，给报界名人马克·吐温先生写了一封求助信。

几天后，他就收到了这封改变他未来命运的信，信中说："假如你能按照我所说的去做，我可以帮助你在报界得到一个职位。你现在要告诉我的是，你想到哪家报社去工作？"

第二章
什么在决定你的价值

小伙子把这封信翻来覆去看了几遍,又异常兴奋地写了一封回信。信中说明了他所心仪报社的名称和地址,并向马克·吐温诚恳表态,表示愿意听从他的指示。

又过了几天,小伙子收到了马克·吐温的第二封信,信中说:"如果你肯暂时只做工作而不拿薪水,你到任何一家报社,人家都不会拒绝你;至于薪水问题,你可以慢慢来。你可以对报社的人说,我非常热爱记者的工作,我可以从零做起,并且不需要任何的报酬。听我的,我保证你会找到一份你想要的工作。

在你得到第一份工作后,不要以为不拿薪水就可以没有工作压力;正好相反,你一定要全力以赴。得到那家报社的重视以后,你再到各地去采写新闻。如果你所采写的新闻稿件确实符合编辑部的要求,报社自然就会陆续发表你的作品。当你正式成为一名外派记者或者编辑时,也就自然成为这个报社中的一员了。慢慢地,大家也会觉得离不开你,你自然也就不用为自己的薪水而担忧了。"

读完这封信,年轻人异常兴奋,但又有些担心,这的确是一个好办法,但问题是能否行得通。最终,他还是照做了。就这样,他到了一家向往已久的有名气的报社。在报社工作的第一个月里,他遵照马克·吐温的嘱咐,兢兢业业地去学习新闻写作,发掘新闻素材,做好每一件琐碎的小事情。不久,他的采访稿终于被编辑部采用了。为此,他很受激励,更加努力,采写的新闻又频频出现在报纸上面。

慢慢地,小伙子的才气与名字已经在报社广为人知。几个月后,他收到了另外一家知名报社的聘书,表示愿意出高薪聘请他。他所在的报社听说此事以后,以双倍的薪水待遇将他留了下来。就这样,他在那里继续待了5年,5年后,他已经成为那家报社的主编了。

除了这位小伙子,另外的几个年轻人在马克·吐温的指导下顺利找到了理想中的工作。这位世界顶级大师告诉年轻人,只要用心,走到哪里都

不难找到工作；找对了平台，再付出努力，迅速晋升将不再是难事。"身价"如果高，财富的积累都是轻而易举的事。当然，在此过程中，不要总想着老板能给你什么，而应该想着你能给老板带来什么。那些只知道向老板或单位索取的人，一定会遭遇失败。

03. 睡前一小时，决定一辈子

爱因斯坦曾说："人的差异就在于业余时间的使用方法不同。"那么，业余时间为什么会有如此大的影响呢？品格心理学中的"业余时间定理"回答了这个问题：每天1小时，一个月就是30个小时，30个小时足够一个人多读一本书。这样一年下来，善于利用"业余时间定理"的人就可以比别人多读十几本书。而十几本书足够让我们了解一个全新的领域。随着时间的不断延长，这个积累还会越来越大，最终就决定了人与人之间的差距。

行为学家也曾说过，只要知道一个人是怎样度过自己的业余时间，我们也就能预言出这个人的前程如何了。的确，我们人生的最终成就往往不是一时的结果，而是无数零散的时间决定的，所以，空闲时间显得格外可贵。

曾经有一位女性朋友对我抱怨说："像我这样一个没有美貌，没有好的身材，没有好工作的已婚女人，凭什么去获得自己的前程呢？"

于是我问她平时都做些什么。她回答说："也没什么，我先生和我每天一下班回家，就打开电视，一面吃速食餐，一面看电视，直到该上床睡觉为止。我们几乎不去拜访亲朋好友，也从来不阅读书报，到外面去活动的概率也很小。因为我们不想因此错过某些电视节目。"

第二章
什么在决定你的价值

我告诉她，如果她想改变自己的前程，首先必须得想办法把这个习惯改掉。她表示非常同意，便开始按照我给她的计划去做。她们首先报名参加了一些成人教育的晚间课程，同时开始练习打保龄球；每周都抽时间到朋友家拜访，或到图书馆借些有意义的书来看。

1个月之后，她很兴奋地跑来跟我说："我实在太高兴了！因为，我终于摆脱了坏习惯，这无论是对工作还是婚姻都大有帮助！现在，我们的生活变得更丰富了，我们与他人的关系也变得更亲密了，我觉得自己更有价值了。"

于是，我回答了她第一次问我的那个问题："之前你不是问我自己凭什么获得自己的前程吗？我告诉你，有一种女孩，她们没有出色的外表，没有姣好的身材，但是她们却能够主宰自己的人生。原因很简单，她们用自己的业余时间改变了自己的人生。"

其实，让我们的人生变得平庸的不是别人，而是我们时常把自己深埋在无聊的琐事中。如果我们试着回忆一下自己每天的生活就会发现，自己每天都不断重复相同的行为，而且这些行为对自己的人生往往毫无意义，只能使生命变得更加迟钝。如果想让自己的命运重新掌握在自己的手中，那么就必须重视"业余时间定理"，从改变自己的不良习惯开始。

20世纪初，数学界一直在质疑着 2 的 76 次方减去 1 的结果是不是人们所猜想的质数。也有很多科学家在努力地攻克这一数学难关，但结果并没有如人们所愿。

直到1903年的纽约数学学会上，一位叫作科尔的科学家通过令人信服的运算论证，成功地证明了这道难题，才向世人揭开 2 的 76 次方减 1 的神秘面纱。

人们在惊诧和赞许之余，不禁向科尔问道："您论证这个课题一共花了多少时间？"让他们更加惊诧的是科尔的回答，他说："我所用的时间是

3年内的全部星期天。"

另一个相似的情况是，加拿大医学教育家奥斯勒也是利用业余时间研究出了神秘的第三种血细胞。他所取得的这一成就，完全来自于他规定自己在睡觉之前必须读15分钟的书。不管忙碌到多晚，都坚持这一习惯不改变，直到半个世纪之后，他一共读了一千多本书，在医学界取得了令人瞩目的成绩。

由此可见，决定我们前程的不仅是正式的学习和工作时间，充分地利用业余时间，同样可以迈向远大的前程。因为，如果你对某个领域充满兴趣，你就会对该领域的事情投入时间和精力，甚至为它废寝忘食，在不知不觉中发掘到自己最大的潜力。

美国一所中学在入学考试时，让学生回答一道奇怪的问题：如果你的办公桌有五个抽屉，它们分别贴着幸福、财富、荣誉、兴趣、成功这五个标签，但是它们都上了锁，而你平时只许带一把钥匙，其他四把钥匙通常都是锁在抽屉里的，请问你会带哪把钥匙？

珍妮芙被这道无厘头的问题弄慌了手脚，因为她不确定这到底是一道脑筋急转弯还是数学题，所以她没有下笔。考试结束后，她去问老师，老师告诉他，那是一道思维测试题，书本上没有教过，也没有标准答案，每个人的回答都不一样，因为它需要根据自己的理解做出回答，但老师会根据学生的观点给出分数。

珍妮芙在这道满分为10分的题上得了6分。老师认为，她没回答，至少说明珍妮芙很诚实，凭这一点应该给一半以上的分数。不过让珍妮芙感到意外的是，她的同桌回答了这个题目，却只得了1分。同桌的答案是，带着财富抽屉的钥匙，并且把其他的钥匙都锁在这只抽屉里。老师在她的试卷上写一句话：最感兴趣的事情，往往隐藏着你的财富。

"业余时间定理"告诉我们，充分利用你的业余时间，做你喜欢的事情，这就是让自己的人生取得辉煌成就的不二法门。

也许你很难想象睡前的半小时决定了一个人到底是碌碌无为还是有所成就,但是事实上的确如此。虽然每天睡前的一个小时对我们来说不算什么,但是它的积累却成就了无数文学家、数学家、科学家。所以,每一个志向远大的年轻人,都不应该把自己的业余时间浪费掉,更不要强迫自己去做自己不喜欢的事情。虽然我们不可能改变基因,也很难改变环境,但是我们可以通过抓紧人生中的每一秒钟,调整自己的人生态度,改变自己的行为习惯,最终为自己赢得一个远大的前程。

04. 罗森塔尔效应:将军穿上制服就会变成士兵

在1968年的某天,美国著名心理学家罗森塔尔与助手们来到一所小学,说要进行7项实验。他们从一年级至六年级各选择了3个班级,对这18个班的学生进行了"未来发展趋势测验"。之后,罗森塔尔则以赞许的口吻将一份"最有发展前途者"的名单交给了校长与相关的老师,并嘱咐他们务必要保密,以免影响检测实验的正确性。其实,罗森塔尔撒了一个"权威性谎言",因为名单上的学生是他随便挑出来的。8个月后,罗森塔尔与助手们对那18个班的学生进行了复试,结果真的出现了奇迹:凡是上了名单的学生,个个成绩都有了极大的提升,而且性格也变得开朗活泼,自信心增强,求知欲旺盛,更乐于与他人打交道。

显然,罗森塔尔的"权威性谎言"发挥了巨大的作用。这个谎言对老师进行了暗示,左右了老师们对名单上学生能力的评价,而老师又将自己的这一心理活动通过自己的情感、语言和行为传染给这些学生,使学生变得更为自信、自强、自爱,从而使各个方面都得到了异乎寻常的进步。后来,人们将像这种由他人(尤其是像老师和家长这样的"权威他人")的

期望和重视，而使人们的行为发生与期望趋于一致的变化情况，在心理学上被称为"罗森塔尔效应"。

"罗森塔尔效应"的实验实际上告诉人们一个道理：一个士兵如若穿上将军的军服便会成为将军，而同样一个将军穿上一个制服就会变成士兵。也就是说，你若想做一个不凡的人，就必须要以一个聪明人的标准去要求自己，建立自信心，从而成就不凡。

卡耐基在很小的时候，他的母亲便去世了。在他9岁的时候，父亲又娶了一个女人。在继母刚刚进门的那一天，父亲便指着卡耐基向她介绍说道："以后你可千万要提防他，他可是全镇人公认的坏孩子，说不定哪天你就会被这个倒霉蛋害得头疼不已。"

卡耐基很是沮丧，在他心中继母一定不会接纳自己，而自己也并不打算去接纳这位继母。在他心中，一直觉得"继母"这个名词会给他带来霉运。但继母的举动却出乎卡耐基的预料，她微笑着走到卡耐基的面前，抚摸着卡耐基的头，然后笑着责怪丈夫道："你怎么这么说呢？你看呐，他怎么会是全镇最坏的孩子呢？他应该是全镇最聪明的孩子才对呀！"

继母的话深深地打动了卡耐基，从来没有人对他说过这种话，即便母亲在世时也没有。就凭着继母这句话，他开始学着与继母友好相处，建立友谊。也正是因为这一句话，成为激励他的一种动力，使他日后创造了成功的28项黄金法则，帮助千千万万的普通人走上成功和致富的光明大道。可是在她来之前并没有人称赞过他的聪明。

成功源于期待与激励，"罗森塔尔效应"也进一步指出，信任和期待具有一种能量，它能够改变一个人的行为。当一个人获得他人，尤其是权威人士的信任、赞美时，他的心理便等于获得了一种社会支持，从而增强了自我价值，个人将会变得自信、自尊，从内而外散发一种积极的能量，并尽力去达到对方的期望，以避免对方的失望，从而维持这种社会支持的连续性。

台湾著名作家三毛在散文《一生的战役》中写道："我一生的悲哀，并不是要赚得全世界，而是要请你欣赏我。"这个"你"便指她的父亲。

有一天深夜，父亲读了三毛的这篇文章，给她留条道："深为感动，深为有这样一株小草而骄傲。"做女儿的三毛看到后"眼泪夺眶而出"。三毛写道："等你这一句话，等了一生一世，只等你：我的父亲，亲口说出来，扫去了我在这个家庭用一辈子也消除不掉的自卑和心虚。"

积极的暗示能在一定程度上激发人的能量，能使人创造奇迹，或者变得更加出色。相反，如果你给人传递一种不良的暗示，事情往往会向糟糕的方向发展，因为不良暗示中包含有贬低、歧视，它会让人消极自卑，乃至一事无成。所以有人说：鼓励与赞美能使白痴变天才，批评与谩骂能使天才变白痴。为此，在生活中，要想使你身边的人更为优秀和突出，那就尝试着去肯定和赞美他吧，这能够催生人的梦想，点燃人的信念，唤醒人的潜能，是催生奇迹之花的优良土壤。

05. 布里丹毛驴效应：徘徊，将使你一事无成

一个人要想成就一番事业，首先就是要有坚定的目标。有人说，我想让自己做出更大的成就，那须制订两个目标。如果你有这种想法，那你就彻底败了。在心理学中有这样一个理论叫布里丹毛驴效应，即指如果一个人总是徘徊于两个目标之间，对自己先做哪一个总是犹豫不决，他终将一事无成。

布里丹原本是巴黎的一位大学教授，他为人所知主要是因为他证明了：在两个相反却又完全平衡的推力下，要随意行动是不可能的。他得出

的这个结论是通过观察一头驴在草堆间的选择而得出的。

具体的故事是这样的：

法国哲学家布里丹养了一头小毛驴，每天都向附近的农民买一堆草料来喂养。

有一天，送草的农民出于对哲学家的景仰，额外多送了一堆草料，放在旁边。这下子，毛驴站在两堆数量、质量相同，并且距离完全相等的干草之间为难坏了。它虽然享有充分的选择自由，但由于两堆干草价值相等，客观上无法分辨优劣，于是它左看看，右瞅瞅，始终无法分清楚究竟选择哪一堆好。

于是，这头可怜的毛驴就这样站在原地，一会儿考虑数量，一会儿考虑质量，犹犹豫豫，来来回回，在无所适从中活活地饿死了。

其实，在生活中，我们每个人都面临着种种的人生选择，如何选择对人生的成败得失关系极大。因为人们都期望自己能做出最正确的选择，所以，在面临选择时常常会反复权衡利弊，再三地斟酌，甚至还会犹豫不决，举棋不定。但是，多数情况下，机会则会稍纵即逝，并没有留下足够的时间让我们去反复思考，反而要求我们要当机立断，迅速决策。如果我们犹豫不决，最终只会两手空空，一无所获。于是有人就将在决策过程中的这种犹豫不定、迟疑不决的现象称为"布里丹毛驴效应"。

其实，生活中那些习惯犹豫不决的人，常常会错失良机。很多自身素质良好，人生际遇也不错，就是因为优柔寡断的个性，将自己的一生给毁了。为此，布里丹毛驴效应告诫我们，永远不要在机遇来临时考虑太多细枝末节的问题，否则，只会让自己错失良机或者白白地断送自己的前程。

比如青年时期，你喜欢一个人，却犹豫不决而不敢前去表白，当你在某个时候做好决定时，人家女孩已经名花有主；找工作时，面对两家公司犹豫不决不知该做何选择，当你反复地斟酌，深思熟虑后，满怀信心去报到才得知人家职位已满；工作时，你在某件事情上迟迟拿不定主意，在反复的思索之后做出抉择时，别人已经做出了决定……一切的一切，皆因为你的犹豫不决，你的优柔寡断。古人讲："用兵之害，犹豫最大；三军之灾，生于狐疑。"机会从来都是稍纵即逝的，你要及时抓住它，就要懂得果断去除性格中犹豫不决的个性。

古人讲"鱼与熊掌不可兼得"。"布里丹效应"产生的主要根源就是人的贪欲之心，既想得到鱼，又想得到熊掌，其行为结果是鱼与熊掌皆失。这种思维与行为方式，表面上看是追求完美，实际上只会贻误良机，是在可能与不可能、可行与不可行、正确与谬误之间错误地选择了后者，这是最大的不完美。为此，生活中的我们，应该如何避免"布里丹毛驴效应"呢？

最重要的就是要学会自律。生活中有的人明明已经事先编制了能有效抵御风险的决策纪律，但是一旦在现实的风险中牵涉到自身的利益时，便难以下决定执行了。比如很多股民在处于有利状态时会因为赚多赚少的问题而犹豫不决，在处于不利状态时，虽然有事先制定好的止损标准，可常常会因为犹豫最终使自己被套牢。所以，生活中，我们要懂得自律，别总是为了获得更多的利益，而使自己丧失原则，甚至使自己处于失控的状态。

同时在考虑问题时，不要在无关紧要的细节上浪费时间，以免让转瞬即逝的机会白白地溜走。

06. 蘑菇定律：成熟之前必经的"疼痛"

大哲学家康德说过，一个人才的成长史就是一部血泪史。这道出了个人成长乃至成功不可避免地要经历比常人多得多的磨难、煎熬和疼痛。用心理学概念来阐释便是"蘑菇定律"，即指刚刚踏入社会的年轻人常会被置于阴暗的角落，不受重视或者打杂跑腿，就像培育蘑菇还要被浇上大粪一般，接受各种无端的批评、指责、代人受过等等，得不到必要的尊重和提携，常处于自生自灭的状态。

其实，蘑菇定律也叫萌发定律，是20世纪70年代由国外的一批年轻电脑程序员总结出来的，这些天马行空、独来独往的人早已经习惯了人们的误解与漠视，最初他们用这个定律来自嘲和自我安慰，但后来流传越来越广，也得到了更多人的认同。

其实，从学校到社会，多数人都会有一段"蘑菇"的经历，这并非是什么坏事，尤其是当一切都刚刚开始的时候，当上几天"蘑菇"，能让人消除头脑中一些过于幼稚的想法，去除一些不切实际的幻想，让我们更加接近现实，与人打成一片。

22岁的迈克从大学毕业到至已经在贸易公司工作了近一年，因为不满意自己的工作，总是念念不平地对朋友说："我在公司里的工资是最低的，老板也不把我放在眼里，如果再这样下去，总有一天我要跟他拍桌子，然后辞职走人。"

有一位朋友听后，就问他："你把现在这家贸易公司的业务都弄清楚了吗？弄懂了吗？"他老老实实地回答："还没有！"这时他朋友又说："我建议你先静下心来，认认真真地工作，把他们的一切贸易技巧、商业文书

第二章
什么在决定你的价值

和公司组织完全搞通,甚至包括如何书写合同等具体细节,都弄懂了之后,再一走了之,这样做岂不有许多收获吗?"

迈克听从了这位朋友的建议,一改往日工作的散漫习惯,开始认认真真地工作起来,甚至下班之后,还常常加班加点地留在办公室里研究商业文书的写法。

1年之后,那位朋友偶然遇到他,就问:"现在你大概都学会了,可以准备拍桌子不干了吧?"迈克说:"可是,我发现近半年来,老板对我是刮目相看了,最近更是委以重任,不但升职而且又加薪。说实话,不仅仅是老板,公司里的其他人都开始敬重我、羡慕我了!"

"蘑菇"的经历对成长中的年轻人来讲,就像是蚕茧,是羽化前必须要经历的一步。很多年轻人走出校园时都会像迈克一般,都抱着极高的期望,认为自己应该受到重用,应该得到丰厚的报酬,工资的高低已经成为衡量自身价值的唯一标准。一旦得不到重用,工资达不到预期,自己所编织的梦想便会在瞬间破灭。这时就容易使人失去自信心,对工作失去热情,并消极地对待工作,从而最终一败涂地。其实,无论多么优秀的人才,初次工作都得从最简单的事情做起,这是一条必经之路,谁想从这一步跳过去,谁就会栽跟头。

几年前,刘涛是一家店铺的电脑维修工。当时仅有26岁的他,虽心怀远大的梦想,但自己所处的环境却与自己的理想相差甚远。

有一天,刘涛从朋友那里获得了一个消息,北京一家软件研发公司正在招工程师。在那一刻,刘涛高兴极了,于是便决定去试一试,他期望幸运可以降临到自己头上。但是,事情并不是很如意,面试官向他提的基本专业问题,他都回答得一团糟。末了,面试官对他说:"看得出来,你是个眼高手低的人,还是回去踏踏实实做你的维修工吧!"

刘涛听罢,有些恼怒,但很快压下去了。回到家里,他一个人坐在窗边,看着外面闪烁的灯光,不由得陷入了沉思中。他脑中不停地回想起面

试官的那句话,仍旧怒气冲冲的。但是,他很快又恢复了平静,心想:我不能再这样下去了,生气、愤怒并不能解决任何事情,我要好好反思,以后谁都不能小瞧我!

随即,他开始反思自我,认为自己并非智力低下,而是因为自己的情商太低。他发现,与周围那些成功的人相比,自己最为明显的缺陷就在于总是情绪失控。他记得有一次,公司要从维修工中提拔一个优秀的人为小组管理者,但是他却因为内心的胆怯和不自信,让自己错失了那次机会;还有一次,他在维修电梯的过程中,因为一件小事情与小区人员发生了冲突而受到了领导的批评,从此之后,他便失去受领导赏识的机会;他在工作中,也时不时地会因为不够理智与同事发生这样或那样的矛盾或冲突,想到这里,他的思绪一下子清晰了起来,他第一次意识到自己最大的缺点在哪里:情绪不够稳定,过于冲动,遇事不够冷静,有时候还会莫名其妙地自卑。

一整个晚上,刘涛都在进行自我检讨。他发现自己自工作以来,一直都是妄自菲薄、得过且过、眼高手低的人。同时,他也暗自下定决心,要改变自己,努力克制自我情绪,重新塑造一个全新的自我。

第二天起床后,刘涛感觉到了从未有过的轻松。他开始学会调控自我,每天都微笑着对待周围的人,而且还专心研习软件开发知识,并虚心向同事和领导请教一些细小的问题。当然,两年后,刘涛便得到了垂青,他被一家有实力的软件公司看中,最后成了那家公司的骨干。

每个人的成长都会经历一些苦难,无法忍受苦难的人只能用一生去忍受平庸,能忍受苦难的人则能突出重围走向成功。其实,绝大多数的年轻人都要经过蘑菇式的萌发的过程。但是萌发的时间过长,就会被人认为是无能者。所以,要善于表现自己,寻找机会脱颖而出。要找到自己的定位,选择正确的道路。在组织中,将忠于集体放在首位,通过坚持不懈的努力,获取成功。

在我们的日常生活中有很多这样的人，虽然他们思维敏捷，口若悬河，说出的话也有几分道理，但是刚说几句就会令人感到狂妄自傲、目中无人，所以别人很难与他们苟同。这样的初生"牛犊"往往吃不到更好的"草"，因为大部分"老牛"都不愿意告诉他更好的"草"在什么位置。

刚入社会的年轻人要学会当"小苗"再慢慢长成"大树"，要懂得克制自己的表现欲望。只有这样，才能够不断地以人为师，提升自己的能力，才会受到他人的喜爱。克制是"忍"的一种，克制自己有助于提高自己的能力，克制本身就是一种能力。做事多检点自己的言行对成功绝对是十分必要的，因为一些话语的伤害程度远远要比直接揍人一顿更让人感到"疼痛"。

07. 1万小时定律：坚持7年终成"专家"

心理学家曾做过这样一份调查报告，一个人如果要掌握一项技能，成为专家，需要不断地练习10000个小时。为此，我们可以算这样一笔账，对于一项技能，如果我们每天坚持练习5个小时，每年按300天计算的话，那么在第7年的时候，一个人才能真正地精通这项技能。

当然，这一结论也是有心理学依据的，心理学家指出，一个人在保持专注的前提下，人的大脑就会对某一知识或技能进行感知、记忆、思维认知等活动，而大脑要真正地熟知和掌握这一活动的内部规律，则大约需要10000个小时，这便是所谓的"1万小时定律"，我们日常生活中所遇到的多数"天才"，都是专注的结果。

刘佳是一位小学教师，她大学学的是数学，但却一直爱好会计的工作。于是，她在23岁刚参加工作时，就每天坚持学习会计。每天除了上课，她都会抽出3个小时的业余时间用来参加会计班的培训学习。就这样，今年32岁的她，已经完全精通和掌握这项技能，并且还考取了国际会计师证书。如今的她，已经辞去教师的职务，任职于几家大型集团公司的会计总监，总是天南地北满世界跑，年收入已经达到了近百万。她坚持学会计已经快10年了，非专业出身的她因为爱好而一直努力，在专业的道路上越走越远。

生活中的你，是否也有属于自己的特别爱好呢？如果有，那就赶紧行动起来吧。你每天可以坚持学习或者练习3个小时，那么10年后，你便能成为这个领域里的专家。比如，你想成为律师，你每天只需要按照你既定的程序进行练习，坚持10000个小时，你就完全有可能成为一名有名望的律师了。你想成为一名作家，那就每天坚持练习，那么10000个小时后，你也许就可以成为一位有名的作家了。

可生活中，还有一些人会问："我做了10年文员，为何还是一名文员呢？为什么在家里做了7年的饭，却没变成超级大厨，反而发现婚姻到了七年之痒呢？"那是因为，你没有投入精力和热情来学习一项技能。每天上班只是看报纸上网应付各种琐碎任务，大家干吗你干吗，每天做饭只是为了让家庭正常运转，并没用专业的眼光看待这件事。正如哈佛著名的心理学家埃伦·兰格说的那样："在现代社会中，做出无奈选择的人越来越多，专注内心修炼的人越来越少；心理容易受到挫折的人越来越多，坚信'付出总有回报'的人越来越少；迷失在各种各样目标中的人越来越多，专注于一项事业的人越来越少；容易受情绪控制的人越来越多，冷静思考的人越来越少……这一切皆源于专注缺乏的缘故。"生活中的许多人，工作的内容并不是在练习技能，大部分是琐碎的人和事，实际上，这是对人生的一种荒废。也许你会说，我是平凡人，我不想成为什么人，只想安安分分过日子。那只是你的错觉，时间在流逝，你每天重复重复再重复的那些行为，就是在塑造你，你不想成为什么人，可是你注定会成为什么人。

每天 5 个小时，如果你是用来网上冲浪、看八卦、聊天，那么 7 年后，你只会变成一个生活的"旁观者"，你最擅长的就是如数家珍地谈论别人的成功，艳羡他人的成就，自己身上却找不到任何可以说的东西。

所以，你现在可以花 1 分钟仔细地想一想，你曾经最想做的事情是什么，然后每天去做这件事，7 年后，你就会惊喜地发现，你完全可以靠这件事情去干属于自己的事业了。

哪怕是你喜欢逛街呢，你规定自己每天逛街 3 个小时，可能一开始你会觉得很高兴，每天如此，你就会发现无聊，再坚持下去，你就开始琢磨了，我逛街还能发现点什么？还能搞出点什么花样？坚持下去，7 年之后，你可能会成为时尚达人、形象设计专家、街拍摄影师、服装买手等等。

生命中的下一个 7 年，下一个 10000 小时，你打算怎样度过？

08. 你是在"挑水"，还是在"挖井"

心理学中有个"挖井定律"在职场中有着极为广泛的应用。即指当人们挖井时，只要认准了一个地方就应该努力向下去挖，一直到出水为止。如果一个人总是以"挑水"的心态去应付其当下的工作，那么最终只能在持续不断的劳碌中重复其"挑水"运动，永远难以高升。这也就是为什么，那些看上去很聪明的人，最终却很平凡的原因。

挖井定律源于一个故事：

在相邻的两座山上住着两位行者，一个叫"一休"，一个叫"二休"。这两座山上都没有水，因此两个人都要到山下面的一条小溪中去挑水，因为经常遇到，所以很快就成了好朋友。

就这样，5 年过去了。有一天，二休像往常一样到小溪中去挑水，发

现一休竟然没有出现。二休想,一休大概是睡过头了。第二天,二休再去挑水,还是没有见到一休。就这样,一周过去了,一个月过去了,一休仍旧没出发。二休很担心,心想:"我的朋友可能生病了,我要去拜访下他,看能帮上什么忙。"

当他上山找到一休所在的房子,却发现一休和尚正在屋里打坐冥想,而且精神焕发,一点都不像生病的样子。他吃惊地问:"一休,你已经一个月没有下山挑水了,为何你没有挑水还有水喝呢?"一休笑着带他到后院,指着一口井说:"这5年来,我每天挑完水后,都会利用零碎时间挖井,即便有时候很忙,也总会坚持挖一点儿。现在我已经挖好一口井,井水源源不断地涌出,从今以后我再也不用下山挑水了!我还可以省下许多时间来做我自己喜欢做的事情,比如打坐,冥想。"

从此,一休不再辛苦劳累地花时间去挑水了,而二休却依然每天都要下山,没得休息。

其实,在现实的职场中,也有两种员工:挑水喝的和挖井的人。两者的区别在于眼光的不同。前者自认为工作是为老板,于是当一天和尚撞一天钟,每天都以"挑水者"的心态应对工作;而挖井人则把工作真实地当成个人的事业去奋斗,于是他们会积极主动,用智慧的头脑,勤劳的双手去挖一口属于自己的"财富"之井,让自己受用一生。

"挑水喝"的员工因为觉得自己在给别人打工,所以,对工作总会消极应付。他们总喜欢与其他人比谁的工资高,若比别人多就会沾沾自喜,若比别人少就牢骚满腹。而挖井的员工,则总是和别人比谁在工作中学到的东西更多,他们看重的是个人经验的积累,看重的是企业能否为自己提供更为广阔的施展才华的平台,以及自己能否在这个平台上将个人的能力发挥到极致。

"挑水喝"的员工总以工作清闲为荣,他们只愿意在自己的岗位上尽责,对其他的事总是持冷漠态度。如果涉及一点点,他便会怨声载道;而

第二章
什么在决定你的价值

挖井的员工总会把自己的工作延伸到本职工作外,只要事关单位的声誉或者利益问题,都会积极主动地解决,无怨无悔地付出自己的精力和智慧。

可以说,"挑水喝"的员工从来不愿意吃半点亏,为此,他们爱精打细算,表现得很"精明";而挖井的员工把工作当成学习和磨炼自己的机会,为此,他们总会积极主动地去解决难题,但挖出的井却足以受用一生。

其实,在一个人的职业生涯中,只要我们愿意以"挖井"的精神去工作,愿意脚踏实地地付出自己全部努力,愿意把工作当成自己的事业去做,抱着为企业工作就是为自己工作的态度,那么,每个人都是在最大限度上实现自己的职业理想。

出生于美国某乡村的济瓦格,因为家庭贫穷,未受过高等教育。15岁那年,他为补贴家用,就到一家农场做了马夫。

3年后,一个偶然的机会,济瓦格到钢铁大王卡内基所属的一个建筑工地打工。从踏入工地的第一天起,他就抱定了要做同事中最优秀的人的决心。每当加班时,其他工人都在抱怨活儿累、挣钱少而消极怠工的时候,济瓦格仍旧兢兢业业,他独自热火朝天地干着,并在工作中默默地积累经验,并且还利用工作之余学习建筑知识。

一天,工友们都在喝酒、闲聊,只有济瓦格躲在一个角落里一边看书,一边拿笔在笔记本上写着什么。那天恰巧经理到工地检查工作,经理看了看济瓦格手中的书,又翻开他的笔记本,弯下腰微笑着问他:"你学那些东西干什么呢?"

"我想公司并不缺少建筑工人,而是缺少既有工作经验又有专业知识的技术人员或管理者。"济瓦格说,"再说,我坚持学习,就算做不了技术工或管理者,至少也能成为同事中最优秀的。事实上,通过这段时间的学习,我觉得我比他们优秀许多了,很多建筑方面的知识,我可以信手拈来!"

经理看着他点了点头,瞬间被济瓦格的认真精神所感动了。不久,济

瓦格就被升任为技师,然后他又凭借自己的努力一步步升到了总工程师的职位上。25岁那年,济瓦格就当上了那家建筑公司的总经理。

对此,济瓦格说:"一个打工者欲想成功,就要立志做一个优秀的人——起码要立志做同事中最优秀的人。如此一来,在没有超过自己身边的人之前,就会严以律己,时时提醒自己不要懒散。"

济瓦格是这样说的,也是这样做的。他勤奋敬业、积极主动,因而也获得了比别人更多的发展机会。卡内基钢铁公司的工程师兼合伙人,在筹建公司最大的布德钢铁厂时,发现了济瓦格超人的工作热情和管理才能。当时,身为总经理的济瓦格,每天都是早早地就到工地,当琼斯问他为何来得如此早的时候,他回答说:"只有这样,当遇到什么急事的时候,才不至于被耽搁。"

工厂建好后,琼斯毫不犹豫地提拔济瓦格做自己的副手,主管全厂的事务。2年后,琼斯在一次事故中丧生,济瓦格就接任了厂长一职。因为济瓦格天才的管理艺术以及虔诚的敬业态度,布拉德钢铁厂成为卡内基钢铁公司的灵魂。几年后,济瓦格得到了卡内基钢铁公司的股份,并被任命为子公司的董事长。

济瓦格在担任董事长职务后的第7年,当时控制着美国铁路命脉的大财阀摩根,提出了与卡内基联合经营钢铁的要求。开始的时候,卡内基并没有理会。于是,摩根便放出风声,说如果卡内基拒绝,他就找当时位居美国钢铁业第二位的贝斯列赫姆钢铁公司联合经营。卡内基意识到问题的严重性,他知道,如果贝斯列赫姆与摩根联合,就会对自己的发展构成重大的威胁。于是,卡内基便全权委托济瓦格与摩根谈判,并取得了对卡内基有绝对优势的联合条件。

后来,济瓦格终于建立了自己的伯利恒钢铁公司,并创下了非凡的业绩,真正地完成了他从一个普通建筑工人到卓越领导者再到一个世界闻名的大企业家的成功飞跃。

济瓦格的经历告诉我们：以挖井的精神去对待你的工作，最终你会获得丰厚的回报。但在我们周围，有很多只知道"挑水喝"的年轻人，在职场中，他们为了多一点工资而频频跳槽。几年下来，他们会忽然发现，自己不仅没有做出什么业绩，反而沦落到被社会淘汰的边缘。这的确让人感到惋惜。

别把工作当成个人谋生的手段，而应该将其当成自己为之奋斗一生的事业去经营。对一个有抱负的员工来说，应该利用各种工作机会去增强自己的才干，把工作机会当成自身学习、锻炼的平台，对自己要求越严格，能力就增长得越快。要想把看不见的梦想变成看得见的事实，便要懂得在工作中兢兢业业，把工作当成事业去经营。强烈的敬业精神将把你推上成长的良性轨道，并积极引导你实现自己的人生梦想。

09. 如果你知道方向，全世界都给你让路

我们经常发现，很多才华横溢的人往往活得很平凡，而成功的人有时候并没有什么太多的优点。但是，如果我们进一步了解就会发现，平凡者往往没有明确的人生目标，而成功者往往知道自己的人生方向。要想解释这种现象，我们不得不了解一下心理学上的"吉格勒定理"。

美国行为学家J·吉格勒经过研究发现：世上被称为天才的人很多，但是真正获得成功的人却很少。原因就在于很多人并不缺少才能，而是缺少奋斗目标。由此可见，当我们为自己的人生设定了一个较高的目标时，我们就已经踏上了成功之路。

生活中，每个人都渴望成功，却很少有人知道如何获取成功。"吉格勒定理"告诉我们：一个人的成就大小并不完全取决于能力，还取决于他是否有明确的人生目标。同时，我们还发现一个人快乐与否并不完全取决

于他的成就,还取决于他是否有前进的动力。

在一个风和日丽的早晨,刚刚从美梦中醒来的蝴蝶,看见篱笆上有一只蜗牛在卖力地向上爬。于是蝴蝶大声说:"喂,朋友,你在干什么?"

蜗牛听见了蝴蝶的声音,便回过头来答道:"我想爬出去,看看外面精彩的世界。"

蝴蝶听了,先是一愣,随后便嘲笑蜗牛说:"你别傻了,就你那慢吞吞的速度,再加上身上的'小房子',不知猴年马月才能爬出吧!还不如趁早放弃,过几天舒坦日子。"

蜗牛听了并没有生气,而是说:"正因为我走得太慢,所以我最大的梦想是翻过这片篱笆,去看看外面的世界。我不会轻易放弃的。"说完,蜗牛便继续向上爬。

蝴蝶见蜗牛顽固不化,便摇了摇头,对他异想天开的想法感到好笑。

过了一会儿,蝴蝶睡了一觉醒来,伸一个懒腰,飞到篱笆那里去想看看蜗牛到哪了。不看不知道,一看吓一跳,蝴蝶惊讶地发现蜗牛早已爬到了篱笆的最顶端。现在,正朝它招手呢!蝴蝶觉得很不可思议,它大声说道:"老朋友,你什么时候爬上去的?"

蜗牛回答:"是在你睡觉时爬上来的。"蝴蝶听了惭愧不已。

蜗牛之所以能爬上高高的篱笆墙,全靠他的上进心支撑,否则它可以选择去睡大觉,在一片狭小的土地上终结自己的一生。"吉格勒定理"告诉我们:有上进心的人对未来总是新鲜满满。正如法国作家莫泊桑所言:"生活在希望中的人,才会有奋斗的动力,而生活的希望则来自一颗积极向上的心。"人生其实就是在寻梦、奋斗、圆梦这个循环中度过。我们应该对生活充满希望,对自己的未来要有进取心,否则就会像逆水行舟,不进则退。

1969年7月,美国宇航员巴兹·奥尔德林登上了月球,时年39岁。作为地球上登月的第二人,奥尔德林可谓功成名就。他的家人和朋友们都为他的成绩而感到自豪，寻求商业合作的请柬更是纷纷而来。

但是奥尔德林并不觉得自己快乐，甚至不再喜欢自己原来的工作。在登月后的3年内，他离开了美国国家航空航天局，也没有再寻找新的工作。而且，一度染上了酗酒的恶习，每天借酒消愁，郁郁寡欢。

家人对他的情况非常担心，最后只好找来了心理医生。在配合医生治疗了一段时间后，奥尔德林终于走出了自己人生的那段阴霾。原来，他之所以在完成登月后，却跌入人生低谷，是因为自己丧失了人生的目标，所以每天无所事事，醉生梦死。

巴兹·奥尔德林的经历让我们看到，成功在给一个人带来收获的同时，也麻痹了这个人的人生。所以，要想让自己活出生命的深度，就应该不断刷新自己的目标。因为所有的成功都将过去，不肯放下昨天的成功，就无法找到明天的方向。

许多衣食无忧的人，他们的生活虽然富足，但是并不快乐。他们通过各种各样的娱乐活动和社交游戏来麻痹自己，可是酒尽人散之后，只剩下更多的苦闷与空虚。之所以会出现这样的问题，是因为毫无目的的享乐，只是在浪费他们自己的资源和生命。而懂得了"吉格勒定理"之后我们才恍然大悟，原来一个人只有找到了自己的人生方向，才能不再活得肤浅，同时让自己的内心获得宁静。所以，让我们牢记"吉格勒定理"中的心理学原理：如果你知道自己的方向，那么全世界都会给你让路。

俗话说"人往高处走，水往低处流"。"吉格勒定理"告诉我们：无论是在物质上还是在精神上，要想取得卓越的成就，就一定不能没有上进心。因为上进心会促使我们采取主动的态度对待一切，这也是最终决定我们成就大小的重要因素之一。在你经历挫折与磨难之时，上进心就像一股注入你身心之内的强韧力量，让你斗志昂扬，在尝遍喜悦与痛苦之后，实现最终的梦想。

10. 决定人生高度的是你的"长板"

有一个著名的理论叫木桶理论，即指一个木桶能装多少水，取决于其最短的一块木板。其实在工业化时代，这个理论的确能非常精准地说明问题。但是当下的全球互联网时代，这个理论则不实用。也就是说，当下的很多公司实在没有必要一切都精通，如果财务不够专业，可以聘用比自己更有优势的会计师事务所；如果在人力资源上欠缺，可以聘用猎头或者人力资源咨询机构。市场、公关如果是短板，有大量的优秀广告和宣传公司为你量身定做；同样的还有法律服务、战略咨询、员工心理服务等等。也就是说，当代的公司只需要有一块足够长的长板，以及一个有"完整的桶"的意识的管理者，就可以通过合作的方式补齐自己的短板。对个人发展而言，与其做什么都略懂的"全才"，不如做在某一领略成就突出的"专才"。

新东方董事长俞敏洪说过这样一句话：一流人才与普通人的不同之处就在于：一招鲜，吃遍天。他们往往善于经营自己的长处，把一项事情做精、做专，成为某一个领域中的行家里手。所以，无论市场竞争如何残酷，身怀一技之长的员工都能立于不败之地。因此，要想从普通人中脱颖而出，就要善于发现自己的"长板"，并且以专注的精神将之经营到极致，成为某个行业的精英，从而成为不可或缺的人物。

10年前，刚刚初中毕业的许博就从大山来到城市，进了一家工厂，成为一名电工。在工作中，他始终坚守"一线工人也是创新中坚"的信念，以坚忍不拔的精神，坚持边工作边学习。在学习中工作，他现实了从一名普通的一线工人到知识型、创新型工人的跨越。

第二章
什么在决定你的价值

刚刚参加工作时,因为文化知识薄弱,许博在工作中经常出错并被领导训斥。在气愤的时候,他曾想过一走了之。但是,他明白如果自己离开,就意味着要回农村老家种地。于是,他还是忍下来了。在忍耐之余,他为了提升自己,买了很多本电工方面的书籍来看,并整天琢磨着电工方面的理论知识。那时,许博把厂里的前辈都当成了师傅,不懂就问,不会就学,很快便掌握了各类工作的基本理论、组织方法和施工工序。休息时间,他为了开拓视野,及时掌握行内的先进技术,许博跑得最多的就是图书馆、新华书店等。

每当谈及自己的学历,许博引用劳模许振超的一句话:"一个人可以没有文凭,但不能没有知识,可以不讲大学殿堂,但不可以不学习。"工作之余,他完成了江苏科技大学电气自动化专业函授本科的学习,随后又取得了高级技师资格证。

"当好工人,既要苦干实干,更要敢想敢干、巧干会干。"许博是这么想的,也是这么做的。一次,工厂从德国引进一台电焊机,刚到车间,许博就对这些先进的机器琢磨起来。那时机器经常出现故障,总要从北京请人来维修,非常麻烦。许博看在眼里,就默默地研究起来。不久,机器再次出现故障,他通过平时的学习积累,对照着说明书,竟然不动用北京的专家就把机器修好了,这让同事对他"刮目相看"。修好机器,与其说是他的幸运,不如说他的专业水平已经达到了相当高的水准,在理论中不断地实践,他已经对电学知识融会贯通,达到了相当精通的水平。

有天晚上10点多钟,工厂里一台正在工作的焊机出现了故障,因为没有配件,维修人员实在没有办法。机器停了,生产任务就要受影响。在紧急情况下,许博被喊到了现场。虽然他是第一次修这种设备,但他却没有慌张,沉着冷静地去查看说明书,仔细查阅厂家资料,反复寻找合适的配件,仅花了2个多小时,机器便在他手中恢复了"生机"。

后来,工厂里只要是一些简单的机器设备出问题,都会让他来维修,

渐渐地，他在厂里也小有名气。在同事眼中，许博是个爱"琢磨事"，闲不住的人，经常会提一些异想天开的"点子"。可正是他的这种爱琢磨事的劲儿，让他逐渐成为工厂里的小能人。

4年后，许博因为工作出色，被提拔为设备科科长。就在此时，他整改工厂的电器设备，为工厂节约了30万元以上的生产成本。成为工厂中技术骨干的许博，并没有故步自封，相反，他总是在一次次的检修、故障抢修等工作中反复琢磨，总结分析自身的不足，让自己的技术水平得到更大的提高。

渐渐地，许博的名气在行业内大了起来，收到了许多企业的高薪聘请函，但他仍不为所动，潜心在原工厂搞科研，搞技术创新。几年下来，他的许多项发明已经申请了专利。如今的他已经被厂里高薪聘为副厂长，并多次被派往德国学习。他已经成为工厂不可或缺的一员，每年经过他手的整改项目，都为工厂带来了巨大的利润。

虽然仅有初中学历的许博，却参与了工厂许多科技创新项目，并获得了市级奖项。其中的艰辛不言而喻。他的行动也鼓舞了身边很多普通的工人，要像他那样，用理想规划人生，用知识武装头脑，用毅力成就事业。

在工作中，只要你善于经营自己的长处，并以精益求精的心态让你的长处发挥到极致，就能成为不可替代的人。

美国管理学华德士提出：21世纪的工作生存法则就是要建立个人品牌。他认为，不只是企业、产品需要建立品牌，员工也需要在职场中建立个人品牌。所谓个人品牌，也就是作为员工在职场中的比较优势。竞争并不可怕，可怕的是自己有没有独特的优势。从现在开始，发现自己的优势，以"精益求精"的态度将你的优势发挥到极致，让你的领导一下就想起你："哦，这项任务由他来担当最合适，他具有这方面的优势！"

11. 热手效应：别做被运气左右的"赌徒"

随手抛一枚硬币，如果硬币第一次落地的结果是正面朝上，你会理所当然地认为硬币第二次着地时正面朝上的概率会很大，而实际上硬币两次落地，不过是互不相干的随机事件而已，两者之间根本就没有必然联系。假如有一次你有幸品尝到了一份免费的甜点，就有可能想当然地以为日后还有可能吃到免费的甜点，全然忘却了世上没有免费的午餐这一放之四海而皆准的普遍真理。因为暂时的走运，就盲目相信直觉和运气，甚至以赌徒的心态看待人生，在心理学上被称作"热手效应"。

热手效应来源于篮球运动，指的是如果一个篮球队员投篮时屡屡成功，连续命中，队友们便相信他手感很好，在接下来的比赛中会选择把球传给他，但他却未必会命中，随后的表现很有可能让在场所有人大失所望，因为每次投篮的命中率和上一次投篮的结果并不存在任何联系，所谓的"手感好"，不过是一厢情愿的直觉罢了。这就好比赌徒在玩轮盘游戏时，看到红黑两色交替出现，若是之前频繁出现红色，便会认为下次出现的一定是黑色，但事实上直觉往往是靠不住的，因为每转动一次轮盘红黑两色出现的概率都是均等的，皆为50%，根本就不受上一次游戏的影响。

在现实生活中，人们易受热手效应误导，把互不相干的随机事件串联到一起，用直觉代替理性，从而产生投机心理，做出守株待兔的荒唐行为。在这个浮躁喧嚣的时代，绝大多数的人都渴望出人头地、功成名就，所不同的是，有的人注重的是能力和素质上的投资，想要通过提升自身实力改变命运，而有的人则想不劳而获，把人生看成一场赌博，偶尔尝到了甜头，就以为好运会永远伴随着自己，结果希望越大失望越大，投入越多

谁在掌控你的人生：
不可不知的100个心理学常识

损失越惨重。

戴维·泰勒是澳洲的一名普通的上班族，大部分时间都过着平凡而宁静的生活，忽然有一天1000万澳元的大奖砸在了他的头上，彻底改变了他的人生。邻居知道他中了大奖以后，游说他花费300万澳元投资一家农场，之前他从未有过管理农场的经历，不过一时的好运显然冲昏了他的头脑，他坚信农场也能给自己带来收益，结果因为经营不善而亏了本，所有的投资都打了水漂。

戴维·泰勒非常不甘心，之后又尝试过其他投资，每次都抱有强烈的投机心理，后来在短短几年里把剩余的700万元也全都败光了，从人人羡慕的千万富翁变成了一贫如洗的失败者，妻子因为忍受不了生活天翻地覆的变化，也和他离婚了。回首往事时，他不无感慨地说，真希望自己从来就没有中过大奖。

英国的迈克尔·克洛斯在获得了120万英镑的巨额奖金之后，既没有坐吃山空地靠奖金混日子，或者挥金如土地消费，也没有进行过任何冒险投资，而是选择留在原来的工作场所继续卖水果蔬菜，许多人对他的做法感到不可理解，他却认为一个人不能靠偶尔的幸运生活一辈子，只有脚踏实地地工作才能给自己换来充实的生活和可靠的保障。因此他没有步戴维·泰勒的后尘。

人生不是一场赌局，用赌博代替奋斗，是不可能收获好结果的。最典型的例子莫过于人们对于炒股的热衷，当某只股票的股价持续上涨时，人们会乐观地认为股价会一直上扬，随后大量买进，没过多久就亏得血本无归，这种惨痛的经历就是人们盲目相信直觉和运气导致的。热手效应告诉我们运气是靠不住的，因为它是随机的，和成功之间不构成必然的因果关系，能力、综合素质、机遇、天赋等因素才和成功构成因果关系链，只有破除了对运气的迷信，我们才能学会脚踏实地的生活。

实质上，"热手效应"反映的是一种赌徒的心态，在现实生活中，很多人急功近利，渴望快速发财致富或者是功成名就，当正当的途径无法满足其日益膨胀的野心或欲望时，带有赌博性质的冒险手段就成为了他们想拼命抓住的一根稻草，但运气带有很大的随机性和偶然性，胜负是很难预料的，把一生都押注在运气和直觉上早晚会一败涂地。热手效应告诉我们一定要杜绝投机心理，要依靠自身的实力而非赌运改变命运。

12. 沸腾效应：把握人生"沸点"的最后"一度"

稍懂常识的人都知道，水的沸点是100℃，99℃的水不能算作开水，尽管它的温度已经很高了，但是没有沸腾就不能用来沏茶或直接饮用，只有再添上一把火，让它在原来水温的基础上再提升一度，它才能发生质的变化。99℃的水和100℃沸水只是差一度而已，然而只差一点点，却导致了它们的天差地别。

差之毫厘，导致天壤之别，这似乎有些超出人们的想象。99℃的水和真正的沸水究竟有多大区别呢？其实它们的差别不在于表面的水温，而在于质的差距。水沸腾时会产生大量的气泡，部分液态水经过汽化以后转化成了气体，这是一个由量变到质变的过程，而没有沸腾的水没有经历这个过程，它始终都保持着最初的状态。其实两者之间差的只是一把火而已，这把火就是让99℃的水变成开水的关键因素，人们把这种由关键因素引起本质变化的现象，称作"沸腾效应"。

在现实生活中，只差一点点往往意味着平庸与卓越的差距。比如一名考生因为一分之差而名落孙山，多年的努力付诸东流；一名运动员因为一秒之差而与冠军的荣耀失之交臂；一名登山者只差一点就成功登顶了，却基于各种原因选择了放弃……无论他们曾经距离成功有多近，哪怕咫尺之遥，都是因为没有近过最后一步而错失了梦想。因为缺少最为关键的一把火，他们始终都是99℃的温水而已，没能让自己的人生在热血和烈火中得到升华和沸腾，这是一件多么遗憾的事。沸腾效应告诉我们，我们必须烧好人生这壶水，尤其不能忽略最后一度。

有位著名的摄影师，在给记者们讲述拍摄技巧时，只字未提摄影理论，而是不停地放映手提电脑里储存的照片，在两个多小时的时间里，他一共展示了100多张照片，每一张照片背后都有一个故事。

接着他展示了近千张的铁路照片，这些作品都是他呕心沥血的结晶，同一个题材的东西，他一拍就是10年，10年的光影历程，使他对铁路道口有了全新的认识和把握，所以在他的镜头下，冰冷的铁路仿佛也有了血肉和生命，每一幅画面都能带给人们不一样的感受。在当地喜欢专门拍摄同一个题材的摄影师有很多，但能坚持拍10年的，只有他一人，所以他成了摄影名家，而大多数摄影师一直籍籍无名，并没有拍出轰动一时的好作品。

令这名摄影师最难忘的是拍摄三峡截流工程的过程。三峡截流时，记者是很难进入库区的，他们都被拦在了警戒线外。记者们离那幅壮观无比的画面是那么接近，可是谁也没有机会将它用镜头捕捉下来。只有那位摄影名家做到了，当他把三峡截流的照片刊登在媒体上时，业界的人都感到不可思议，大家都忍不住问："你是怎么拍到画面的？"他说为了拍摄这张照片，他趁夜坐着渔舟到达了对岸，然后在工程车下面躲了20多个小时。

这个故事打动了现场所有人，三峡截流时，全国各地的记者都蜂拥到了那里，为了拍到一张照片，历尽艰难跋涉之苦，然而到达目的地时，却什么也拍不到。能拍摄到截流场景的人寥寥无几，那位摄影名家之所以能做到别人做不到的事，无非是他比同行们多了一点近乎偏执的敬业精神。许多摄影师也许比他更强壮更优秀，但就是因为缺了那么一点精神，一辈子都没能出人头地。

在我们身边，不乏有理想有才华的热血青年，其中很多人也基本具备了成功所需要的素养和能力，但就是因为缺了一点关键元素，比如坚持到底、义无反顾的精神，便成了差一度没有烧好的温水，到最后功败垂成。事实证明，越是接近成功巅峰越是不能松懈，最后的一跃就好比水烧开前的1℃，又好比球场上的临门一脚，如果你不能掌控好，之前所有的努力都将前功尽弃。如果把人生看成一壶水，那么在关键时刻绝不能停止加热，只有再接再厉努力添上一把火，你才能迎来最激动人心的时刻，让自己的生命沸腾起来。

突破和改变是一个由量变到质变的过程，仅有量的积累是不够的，是否能提升关键的1℃，才是质变能否真正发生的根本因素。我们不要小看这一点点新的量变，如果不能把控好最为关键的微小变化，那么就有可能与成功错过一辈子。所以，我们要发扬不抛弃、不放弃的精神，坚持到最后一刻，直至成功实现目标。

第三章
什么在控制你的大脑

　　生活中,有很多这样的现象:自己从小就喜欢中文,因为经不住周围人苦口婆心的劝导,最终填报了自己并不喜欢的经济学?在商场中,因为经不住销售员的劝说,最终选购了自己并不需要的商品……我们的行为好似很多时候都不受自我意识的控制,而是被别人牵着鼻子走的。其实,这便是心理学上的"洗脑法"。

　　生活中,总有一些人,尤其是自己身边的亲人,会不自觉地向你"输入观念,并让你的行为随着他们的意愿行事",或是会"利用暗示,让你听从他的指挥",或者是"攻击你的弱点,让你依赖于他",而你在绝大多数情况下根本无法察觉到。其实,生活中,这种"思维入侵"无处不在,他们的方法有很多,但都是以扭曲我们的思维与行为方式为目的的。为此,我们要成为自己真正的主人,就要了解那些人是如何对我们进行"洗脑"的,如此才能有效地防止他人对我们的控制。

01. 权威效应：无处不在的"观念"侵入

美国斯坦福大学心理学家们曾做过这样一个实验：

一位教授向学生们介绍了一位著名的化学家——来宾·比尔博士。在课堂上，博士从包中拿出一个装着液体的玻璃瓶，说道："这是我正在研究的一种物质，它的挥发性很强，当我拔出瓶塞，马上就会挥发出来。但它完全无害，气味很小。当你们闻到气味，请立即举手示意。"

说完，博士便拿出一个秒表，并拔开瓶塞。一会儿工夫，只见学生们从第一排到最后一排都依次地举起了手。但是后来，心理学教授告诉学生：比尔博士只是本校的一位老师化装的，而那个瓶子中装的也仅仅是蒸馏水而已。

为何对于本来没有气味的蒸馏水，多数学生却认为有气味呢？这便是现实社会中普遍存在的一种社会心理现象，即"权威效应"在起作用。所谓的"权威效应"就是指如果说话的人地位高、有威信、受人敬重，因此他的话和行为就极容易引起别人的重视。也就是我们平时所说的"人微言轻、人贵言重"。

生活中，"权威效应"有着极为广泛的应用。比如某个商家为了使产品更能使人信服，便会让权威人士做广告宣传，而消费者也正是在权威人士的"被洗脑"作用下而产生购买意向的。比如，在辩论说理时，我们也经常引用权威人士的话作为论据，以增强自己的说服力。在人际交往中，利用"权威效应"能够达到引导或者改变对方的态度和行为的目的。权威人士之所以能利用自身的"光环"，对人们进行"洗脑"，是因为其抓住了人性的"特点"。首先，是人人都有寻求"安全感"的心理。权威人士已经在多数人的心中形成了"正确楷模"的意识，服从他们会给自己带来心

第三章
什么在控制你的大脑

理上的安全感，增加安全的"保险系数"；其次，是由于人人都有被他人"赞许"的心理需求，认为如果与权威人物的行为相符合或者按照他们的要求去做，会得到社会各方面的赞许和奖励。抓住人性的"特点"，让多数人依赖于他，这便是权威让人服从的秘密，而绝大多数情况下，人们根本无法察觉到。

麦哲伦是举世闻名的航海家，他的航海事业正是得到了西班牙国王洛尔罗斯的大力支持，才完成了环球一周的壮举的，从而证明了地球是圆的，改变了人们一直以来"天圆地方"的观念。麦哲伦在刚开始是如何说服国王赞助并支持自己的航海事业的呢？原来，麦哲伦是请了当时十分著名的地理学家路易·帕雷伊洛和自己一块去劝说国王的。

那个时候，因为哥伦布航海成功的影响，很多骗子都觉得有机可乘，于是便都想打着航海的招牌，来骗取皇室的信任，从而骗取金钱，因此国王对一般所谓的航海家都持怀疑的态度。但是麦哲伦的同行路易·帕雷伊洛却是当时久负盛名的地理学家，也是人们所公认的地理学界的权威人士，国王不但尊重他，而且还对他信赖有加。

路易·帕雷伊洛给国王历数了麦哲伦环球航海的必要性与各种好处，让国王心悦诚服地支持了麦哲伦的航海计划。正是因为相信权威的地理学家，国王才相信了麦哲伦，正是因为权威的作用，才促成了这一举世闻名的成就。

事实上，在麦哲伦环球航海结束之后，人们才发现，那时候的路易·帕雷伊洛对世界地理的某些认识并不全面甚至是错误的，得出的某些计算结果也与事实有偏差。不过，这一切都无关紧要，国王正是因为权威的暗示效应：认为专家的观点不会错，从而阴差阳错地成就了麦哲伦环地球航行的伟大成功。

其实，在现实生活中，我们每个人的行为或观念都在不知不觉中受"权威效应"的影响，比如在商场面对诸多的洗护用品时，我们会选择自己所崇拜的明星的代言产品;听了某位专家的"忠告",我们会改变自身的一些行为或习惯……相信权威,是每个人的基本心理。在很多时候,权威人士的确能对我们的选择、行为产生一定积极的引导作用,但是物极必反,生活中我们如果一味地迷信权威,放弃自己的判断和主见,是绝对不可取的,也正如古人所说的"尽信书,不如无书"。

02. 自己人效应:在无形中跟随他人

张华是一家科技公司的老板,某天一位陌生男子来到他的办公室向他推销某种科技管理软件。对方滔滔不绝介绍产品的功能,最终还拿出产品说明书,想让张华更详细地了解产品。对此,张华很是反感,因为他马上要给员工开例会,为了尽快将销售员打发走,便斩钉截铁地说:"目前用不到,你说再多,我也不会考虑买!"这位销售员只好尴尬地离开了。

一周后,这位销售员又一次上门,这一次他不直接与张华谈业务,推售产品,而是与他谈起了高尔夫球。因为这位销售员从私下了解到,张华对高尔夫运动很是着迷。销售员的这个行为引起了张华的兴趣,这位销售员本来对高尔夫也是一知半解的,两人则一直聊着,最终竟然成了好朋友,结果没等业务员开口,张华便要求购买他一整套管理软件。

生活中,我们其实都有过类似于张华的经历:会突然对一个你曾经反感的人产生好感,那是因为对方的某些做法让你觉得他是"自己人"。这便是心理学中的"自己人效应",即指人们往往会对"自己人"所说的话、表达的某种观点和立场更为信赖、更容易接受,甚至会对对方提出的难为情的要求,也不太容易拒绝。其实,"自己人效应"在生活中有着极为广泛的应用,我们生活中所做出的"不可思议"的行为,也是被"自己人"化的结果。比如,在生意场或谈判桌上,合作伙伴会事先通过"攀关系"

的方式将我们变成他们的"自己人",在关键时刻,当对方提出要求时,我们会因为不好意思拒绝对方而做出违心的应求,甚至还会违背自己的原则去做出让步。在公司里,老板总是和颜悦色地对待我们,如此一来,我们更不会想着跳槽,甚至还会全身心地努力工作……自己人效应是一种心理反应,人们常常会有这样一种心态,如果觉得对方是自己人,那么就会对之推心置腹,给予特别的信任,即使别人对自己提出过分的要求,他也会勉强答应。很多时候,我们所做出的"不可思议的行为",甚至被别人牵着鼻子走,就是因为觉得对方是"自己人"。

张莉是一家公司人事部招聘人员,她永远也忘不了那一天面试时的情形。

那一天,前来面试的是一位小姑娘,脸长得很清秀,刚从一所普通院校毕业,要应聘的是财务助理的工作。与其他的竞争者相比,她本人并没有什么优势:学习成绩一般,看起来也不像是会与人打交道的人。张莉像往常一样,例行公事地随意问了她几个常规问题,对方的回答也并未给人带来惊喜。这位小姑娘也感觉到自己的表现,脸上的表情有些失落。但她知道,这个工作对她来说很重要,她不能就这么轻易放弃。于是,在张莉准备让她离场的时候,她突然微笑着问道:"老师,听您的口音应该是东北人吧!"

张莉抬起头,有些吃惊地点头道:"没错啊!"

小姑娘接着说:"我是东北吉林市吉林区的,不知道老师您是……"

张莉惊讶地回答道:"那可太巧了,我也是。"

小姑娘回答道:"真是有缘分,没想到在这里还能遇到老乡!"接下来,两个人便用家乡话闲聊了几分钟。

整个面试下来,张莉便记住了这个表现并不出彩的小姑娘,莫名其妙地对她产生了好感。

一周后,那位小姑娘果然接到了人事部的通知,得到了这份理想中的

工作。

我们的行为之所以会莫名其妙地受人牵制,很多时候就是受"自己人效应"的影响。当然了。在生活中,"自己人效应"既可以对我们产生积极影响,更能对我们产生消极影响,它固然能拉近人与人之间的距离,让很多棘手的事情变得容易起来,但是在一定时候,它也会诱使我们丧失个人原则,做出不明智的行为。对此,要避免这种情况的发生,我们就要学会勇敢地说"不",只要违背原则的事,即使再亲密的"自己人",也要懂得拒绝。

03. 亏欠心理:不自觉受人控制

A:"你明天上班事情应该不多吧?"

B:"应该不太忙,该忙的任务都审核过关了!"

A:"那你明天请假过来帮我个忙吧!我明天搬家!"

B:"明天搬家?为什么不等到周末呢?"

A:"哎,别提了,房东急着要出国,把房子提前卖给别人了!催着我赶紧搬,新房屋的主人马上要住进来了,明天是最后期限,必须搬!"

B:"那么急呀!"

A:"是呀,东西太多了,你明天必须过来帮我呀!"

B:"好吧,如果明天没事,就请假过去!"

A:"能开车过来吗?因为新的住址比较远,需要用车!"

B:"什么?我的车拉不了什么东西的!"

A:"因为时间太紧,我没有约到合适的搬家公司,只能麻烦你了,谁让你是我最好的朋友呢!"

B:"哎,好吧,好吧。只此一回,下不为例啊。"

第三章
什么在控制你的大脑

  这样的对话是否很眼熟，我们大家或多或少都遇到过类似于这样让我们无奈又无法拒绝的请求。其实提需求的 A，是一个熟练的"心理操控者"，他的提问方式也十分地典型。首先，提问者对于自己提出的问题会得出什么样的答案是十分清楚的，所以他采用封闭式的问法，而不是问："你明天有空吗？"因为如果是开放式的提问，他便无法把握了。

  得到了他想要的回答后，在第二个问题中，A 只是提出了一个含糊的请求，对方便跟着他的思维往下，最终也不得不答应了他的请求。其实，在上述对话中，我们会发现，A 在提要求的过程中，他是一点点地把缺失的元素补充完整的；而这些本来应该一开始就交代清楚的元素，是 A 在不知道 B 是否会同意的前提下，一点点地让对方答应自己的请求。心理学研究表明，当我们答应一个人的请求后，即便是最终给出的信息与之前的完全相反，我们还是很难全身而退，因为人人都有亏欠心理，在你当初答应人家的时候，就在无形中形成了"亏欠"对方的心理，进而当对方提出十分让人为难的请求时，你也会因为这无形的"亏欠"心理而不会完全拒绝对方，这便是心理学上所说的"亏欠效应"，即指人们永远无法忍受自己亏欠于人。

  "亏欠效应"被广泛应用于生活中，很多人就是在"亏欠"中，不自觉地受制于人。比如商场搞活动时，会采用"先偿后买"的方式让消费者在品尝后产生亏欠心理，而不得不购买产品；比如一个人向你提出要求时，会先提一个让人无法拒绝的要求，然后一步步地让对方答应自己后面的要求。

  一天，陈杰去拜访一个女客户，当时客户正在厨房忙着收拾，而她的女儿正在客厅的地板上大声地哭。陈杰见状连忙蹲下来对小孩说："小朋友呀，不要哭，看叔叔给你变魔术。"

  然后，陈杰就像变魔术般的拿出了两个棒棒糖，变出了一个会走路的小鸭子，并趴在地上为孩子演示，孩子立马破涕为笑。这一切，都被在厨

房的妈妈看在了眼里。

很快地，客户痛快地与陈杰签订了合同。

试想，有谁会去拒绝一个愿意跪在地上与小孩一起玩耍的人呢？这个小举动虽然不算什么，但正是它们的"小"体现了陈杰的细心与爱心，让女客户在产生"亏欠心理"后，无法不接纳你，更无法不接纳你的产品。

其实生活中，我们几乎每个人都受过"亏欠效应"的影响，那些高超的"操控者"，总是会事先采取巧妙的询问或者予人"小"恩惠，然后让人在不自觉的情况下改变自己原本的行为方式。要避免"亏欠效应"对我们所产生的消极影响，就是要学会在他人向你提要求时，勇敢地说"不"，以免受他人摆布。

04. 禁果效应："得不到的"才最好

"禁果效应"是心理学中一个著名的定律，指人总是对"得不到"的情有独钟，这是因为人的天性总是驱使人去违背禁忌，越是得不到，越是想尝试得到。无论一个人手中有多少东西，比如名誉、权利、金钱，都不能满足人的好奇心，说白了都无法满足人的心理渴求，只有那些拼尽了全力也得不到的，才称得上是最好的。相信我们平时都有类似的经历：面前的东西越是未知，越是想要探求究竟，越是得不到，越是想着去得到。生活中，我们很多时候做出的行为都是被"禁果效应"驱使的结果。

比如，某个消费者本来没有购买欲望，但因为看到了某商场的"限量打折"活动而开始疯狂抢购某商品；某个员工工作失去了热情，但是在上司的"激将法"下，开始拼命工作；某家庭本来没有购买房产的需求，但是在"房屋限购令"下发前，会疯狂地抢购房产……从心理学的角度分析，与其说我们是被"禁果"所驱使，不如说是为获得心理的满足感和安全感而疯狂。

玛莉在购物时就有这样的体验，她说："这样的情况时常在我身上发生。最让我不可思议的是，我的妈妈，也会有这样的冲动行为。我经常会陪妈妈一起去超市购物。我的妈妈曾是一名挤奶工，现在我把她接到了城市生活，她和我一样爱上了这个城市，但是对于牛奶，她始终喜欢原汁原味的，对于酸奶，她十分讨厌。然而，有一次在发现买酸奶可以得到一个精美的像水晶一样的玻璃杯后，妈妈就站在那里，久久地凝视着，我知道，她的脑子里可能在做斗争，是买，还是不买。看到其他同龄阿姨们都在疯狂地抢购，她也终于按捺不住内心的冲动，走上前去抢购了全家一周都喝不完的酸奶，高兴地把那个玻璃杯带入了我们的生活。另外，我还要补充的是，我妈妈还是不喝酸奶，不过她好像不太排斥我们喝酸奶了。她现在喜欢用那个玻璃杯盛着新鲜的牛奶喝。"

生活中，有许多人如玛莉的妈妈一般，因为"限量"，觉得机会难得，不买就亏了，更何况大家都在抢，那我为何不去占这个便宜呢！于是，冲动的消费行为也就发生了，这也是"禁果效应"产生的心理。

其实，在现实生活中，很多销售员善于利用这一效应来达到自己的目标。他们为了刺激消费者，会事先设置一个"禁果"，然后让人不自觉地产生消费欲望。比如当其越是苦口婆心地解释和劝说客户购买自己的产品时，消费者就越是无动于衷。这个时候，他就会表现得很不执着，让顾客自己选择，这时候顾客反而会产生购买意向。这就是为什么大街上一些靠发小广告而招揽客户而让众人反感的主要原因。

在美国的得克萨斯州曾经矗立着一座巨大的女神像，年久失修，政府不得不选择推倒并且回收它。想要推倒女神像并不困难，难的是施工后的广场上，会留下几吨残渣废料。为了保护环境，这些废料不能就地销毁，然而又没有地方掩埋。而将废料装运到垃圾场去还要花费大量的时间和

金钱。

当时根本没有人愿意接下这份耗损钱财和精力的"苦差事",除了斯达克他外。与其他人不同,在斯达克的心中,施工之后的这些残渣废料是无价之宝,他要利用这些资源和"禁果效应"为自己创造巨大的财富。

于是他主动到政府相关部门表示愿意承担起这批废料的善后工作,并表示"只需要很少的劳务费。"州政府正在为此事发愁,看到有人愿意用很少的费用帮他们解决问题,官员十分高兴,当场就签订了合同。

得到政府的许可之后,斯达克着手开始准备。他叫人将女神像的所有部分都做成了具有纪念价值的小物品:神像帽子的材料被直接切割成了令人赏心悦目的小饰品;废铜皮变成了闪闪发亮的纪念币;废铅皮被改造成具有特色的纪念尺;差点被废弃的水泥变成了一个个小石碑。

女神像的纪念品对人们来说极具吸引力,细心的斯达克发现了这一点。工艺品制作完成之后,为了博得人们的注意,斯达克专门雇佣了一批军人将广场上的这些物品"保护"起来,并且禁止围观。这天人们发现了广场上的异样,就纷纷猜测究竟发生了什么事情。

过了几天附近的居民听说,有一个人趁着士兵松懈,悄悄溜进去偷女神的纪念品,这件事立即引起了轰动。谁也不知道,这次"偷窃事件"也是斯达克精心安排的。

获得了理想的舆论效果,斯达克便推出了他的计划。他在销售地点写下了一句伤感的宣传语:"美丽的女神已经离我们而去了,我只留下她的这一块纪念物。我永远爱她!"

受到感染的人们很快开始抢购这些纪念品,而这份处理废料的生意为斯达克创造了约12.5万美元的利润。

得不到的才是最好的,是多数人的一种普遍理念。"禁果效应"存在的心理学依据在于,无法知晓的"神秘"的事物,比能接触到的事物对人们有更大的诱惑力,也更能促进和强化人们渴望接近和了解的诉求。我们常说的"吊胃口""卖关子",就是因为受传者对信息的完整传达有着一种期待心理,一旦关键信息的阙如在受传者心里形成了接受空白,这种空白就会对被遮蔽的信息产生强烈的召唤。这种"期待——召唤"结构就是"禁果效应"存在的心理基础。特别在涉及公众切身利益的问题上,人们恐惧的往往不是确定的事实,而是不确定的、难以知晓的事情,在无法知晓和渴望知晓的搏杀过程中,公众会因为恐惧心理而像饕餮一样渴望获得信息。

实际上,多数情况下,"禁果效应"对人的行为起到的是消极的作用。试想,人在缺乏理智的"疯狂"状态下,能做出什么明智的选择呢?当然,要避免受"禁果效应"的影响就要懂得时刻以理智去指导自己的行为,别轻易因一时的"好奇心"而做决定。

05. 韦奇定律:别轻易"动摇"你的意志

每个人都有面临抉择的时候,大到择校、就业、选择婚恋对象,小到挑选商品,选择哪条线路出行。做决定之前,我们或多或少都会从朋友、家人、同事那儿征求意见,即使心中有了主见,也还是想听听别人的想法。假如身边的人和我们的想法惊人一致,那么我们往往会会心一笑,但是如果出现相反的情况,别人的看法全都与我们相左,我们就很难坚持自己最初的观念了,心理学上把这种现象称作"韦奇定律。"

韦奇定律是由美国洛杉矶加州大学经济学家伊渥·韦奇提出的,他认为:"即使你已经有了主见,但如果有 10 个朋友看法和你相反,你就很难不动摇。"这是因为我们意志不坚定吗?其实不是的。我们在做决策前,之所以要向他人咨询意见,是为了掌握全面丰富的信息,更好地理解和分析问题,以便纠正偏差,做出最切合实际的决定,当大多数人的意见和我们不一致时，我们自然会奉行少数服从多数的原则，选择听从大众的意见，放弃自己最初的主张。问题在于大众都认可的事情未必是正确的，大众所选择的道路未必适合我们，我们为了少犯错而广泛征求意见，却极有可能被多数人的言论误导。

韦奇定律告诉我们：我们是很容易被别人的意见所左右的，尤其容易屈从于多数人的意见。每个人站在十字路口，不知道向左走还是向右走，通常比较茫然，就算选定了方向，也还是会担心走错路，所以才会把周围的人当成智囊团，但通常情况下，别人并不能为我们选择正确的道路，因为别人的感受并不能代替我们的感受。由此看来，没有主见乃是人生的大忌。

其实有主见的人，也有可能受韦奇定律影响。因为站在多数人的对立面是需要勇气的，不是所有人都能像但丁那样，掷地有声地说一句："走自己的路，让别人说去吧。"然后毫无负担地坚持自我，不会因他人而轻易"动摇"自己的意志，实现自我人生的价值。

女科学家罗莎琳·苏斯曼·雅洛从小就有着与众不同的一面，刚刚3岁的她就有了自己的主意，坚决要朝着自己认定的道路前进。有一次母亲带她外出，回来时她怎么也不肯顺着原路走，无论母亲怎么规劝，她坚持要走一条新路，母女俩在大街上僵持了很久，引来了很多人围观。面对这种情形，母亲真是哭笑不得，最后只好妥协了。

少女时代，她读完居里夫人的传记后，便立志成为一名科学家。她认定成为居里夫人那样献身于科研的工作者就是自己毕生的追求，当周围的人知道她的想法时，几乎都觉得她是在做白日梦，没有一个人支持她。高中毕业后，母亲想要把她培养成一名小学老师，然而她依然做着自己的科学美梦。读完大学，父亲建议她到中学教书。家人都认为对于女孩子来说，能有一份谋生的工作就不错了，奉劝她不要再痴心妄想了。但罗莎琳说："居里夫人也是女人，她能做到男人都做不到的事，我相信我也一定能做到，我想成为她那样的人，为科学奉献一生。"她同时向父母保证绝不会为了事业耽误家庭，将来一定会成为一个贤妻良母。

罗莎琳在通往科学殿堂的道路上艰难求索着，但是在那个时代，女人社会地位不高，在科学界很难受到重视，她很难拿到研究院的津贴，但是她要当科学家的决心并未因此而动摇过。后来，她被伊利诺伊大学破格录用了，成为了一名助教。若干年后，她凭借着在医学上的特殊贡献先后获得了12个医学研究奖项。1977年，荣膺诺贝尔生理学及医学奖，终于成为了像居里夫人一样受人尊敬的女科学家。

罗莎琳的故事告诉我们，我们应当矢志不移地坚持自己所选择的道路，无论有多少反对的声音，也无论有多少人质疑，只要我们做出了决定，就不能轻易放弃，不能轻易让别人的言论动摇了自己的意志。正如巴普洛夫所说的那样："倘若我坚持什么，即使用大炮也打不倒我！"若是有了这样的信念和勇气，那么做任何事情都是会成功的。

不要害怕旗帜鲜明地亮出自己的观点，每个人都有自己独立思考的能力，即使得不到别人的认同和支持，也不要轻易放弃最初的决定。别人的决定不能代替你的决定，没有人可以替你规划人生，脚下的路还是要由自己来选。一旦有了目标，就要勇往直前地坚持下去，千万不要因为别人的议论和质疑声而停下脚步。

06. 阿伦森效应：别患上赞美"依赖症"

善于巧妙夸赞别人的人总是采用先抑后扬的方式，善于奖励的人总是把最大的惊喜留在后面，两者运用的都是阿伦森效应的原理。阿伦森效应揭示的是这样一种心理现象：人们会随着奖励的减少变得消极，随着奖励的不断增加而变得积极。阿伦森认为，人们喜欢奖励表扬不断增加，是因

为褒奖的减少会给人造成一种挫折感,这种挫折感会引起人们心理上的极度不适。

阿伦森曾经做过一项著名的心理学实验,他让四组受试者分别对某个人进行评价,第一组人员始终对他赞美有加,第二组人员一直都在贬损他,第三组人员采取的是先褒后贬的评价方式,第四组人员采取的是先贬后褒的评价方式。测试的结果是,被评论的人对第四组人员最有好感,对第三组人员最为反感。这个实验充分证明了阿伦森的猜想。

在现实生活中,阿伦森效应是非常常见的,比如初出茅庐的大学生作为职场新人,小有成绩后自然会受到上司和老板的表扬。但工作时间长了,大家对他的出色表现已经习以为常了,他听到的表扬声就越来越少了,久而久之他便感到自己在公司里无足轻重,挫折感越来越强烈,工作积极性大为降低。上司和老板对此深感不满,批评声越来越多,大学生内心的挫败感进一步加剧,工作效率越来越差,给别人留下的印象越来越糟,随后便陷入恶性循环中挣脱不出来了。阿伦森效应告诉我们,要客观地看待表扬和批评,且不可因为外界加给自己的毁誉而影响了平静的心境。

马克·吐温曾写过一篇名为《羊皮手套》的小说,故事讲述的是:我到百货店购买羊皮手套。漂亮的女店员给了我一副蓝手套。我说我不喜欢蓝色,女店员却说我的手和蓝色很配,听到这番恭维话,我忍不住瞄了自己的手一眼,竟也觉得柔和的蓝色很适合自己。我把左手伸进手套试戴,发现自己的手太粗大了,根本就没法把它塞进那只小巧精致的手套里。女店员却说刚刚好。我听了这话心花怒放,使劲地拉扯手套。女店员又说:"一看就知道您平时是戴惯了羊皮手套的,不像某些人那样笨手笨脚。"

我又听到了一句恭维话,更努力地拉扯羊皮手套,拼命把自己的手掌往里塞,一不小心把手套扯碎了,上面出现了一道大口子。女店员仿佛什么也没看见似的,还一个劲夸我有经验,我一用力,手套的背面又开了个口。女店员继续喋喋不休地夸奖我:"这双手套简直就是为您定做的。我以前一直不知道什么样的先生适合戴这样的手套，您戴着它显得非常大方得体。"就在这时，手套的指节也裂开了。那只手套顷刻间就变成了一堆满是裂口的破布，我实在不好意思还给人家，只好佯装高兴地说："这双羊皮手套挺合适，我很喜欢它。另外一只不用试了，我到街上戴上就行了。店里太热了。"我一面说着，一面付了钱，狼狈地离开了百货商店。

《羊皮手套》的故事告诉我们，在别人的恭维面前，一定要保持清醒和理智，否则就会把自己推向窘境。赞美对每个人来说都是多多益善的，他人的赞美确实可以增强我们的自尊心和荣誉感，但如果我们太过依赖外界的赞美，就会沦为别人的附庸。虽然我们不能像庄子那样，达到"举世誉之而不加劝，举世非之而不加沮"的思想境界，但是至少应该做到正确地对待赞美和批评，既不要让自己被赞美声冲昏了头脑，也不要让自己被批评的口水吞没，任何时候都保持一颗平常心，尽量看淡世间荣辱。

受到赞美时，人通常的反应是欣喜万分，受到批评指责时，都会倍感失落。赞美就像糖果，我们得到越多，心里越甜，得到越少，心里越不是滋味。所以我们做事的动力和幸福的感受掌握在别人手里，别人可以很慷慨，也可以很吝啬。如果我们不能摆脱对外界的依赖，就永远会被别人牵着鼻子走。不妨把赞美和批评看得淡一些，这样我们才能更好地坚持自我。

07. 定势效应：别受"经验"驱使

人的思维普遍遵循着一种定势，最典型的例子就是我们所熟知的郑人疑斧的典故，说的是有个姓郑的人丢了斧子，怀疑是被邻居的儿子偷去了，于是观察他走路的姿势和脸上的神情，无论怎么看都觉得他就是一个盗贼。后来找到了斧子，再去观察邻居的儿子，忽然觉得对方的一举一动都和盗贼相去甚远了。这就是定势效应在起作用。

定势效应是指人们的认识局限于已知的信息和过往的经验，从而形成了一种固定的思考模式，使得人们依据老眼光和旧模式观察人或事物。对此，苏联社会心理学家曾经做过测试定势效应的实验，他把同一个人的照片分别给两组受试者看，对第一组人说此人是个臭名昭著的罪犯，对第二组人说此人是个受人尊敬的知名学者。相片中的人物特征为双眼深陷、下巴翘起，结果第一组受试者认为他凹陷的眼睛透出狡诈残忍的光芒，翘起的下巴显示出顽固不化的性格。第二组则认为他深陷的双眼透露着智慧，一看就知道他是一个思想深邃的学者，翘起的下巴则显示出其顽强不息的精神。

为什么面对同一个人两组人员的评价会如此不同？答案是他们都受到了定势效应的干扰。当被告知照片中的人是罪犯时，人们就是以审视罪犯的眼光来审视这个陌生人的，所以从对方的面部特征上解读出了狡猾、凶残等信息。而把这个人当成著名学者来看时，人们则不自觉地把一些美好的品质加在了他身上，把对方描绘成了睿智、博学的好人。这足以说明人的认知是受先前积累的知识和经验影响的。

定势效应反映的是一种根深蒂固的惯性思维方式，它会不知不觉地深入到我们的潜意识之中，限制我们的自由想象和思考，把我们引向一条看似合理但却错误的道路。如果我们不能摆脱定势效应的影响，就会被过去的经验套牢，判断事物时会经常出现偏差，着手处理问题时也极容易陷入困局。

美国科普作家阿西莫夫天资聪颖，智商在160分左右，堪称天才。为此，他一直十分得意。作为高智商博士和知名作家，似乎没有什么事情能难倒他。让阿西莫夫万万没有想到的是，自己会被一名汽车修理工提出的问题难住。

那名汽车修理工有一天对他说："博士，让我出一道题检测一下你的智力，看看你能不能说出正确答案。"阿西莫夫接受了这个挑战，他并不认为一个学历不高的修理工能提出什么高深莫测的问题。修理工问："有位聋哑人到五金店买钉子，他朝售货员打手势说明自己想要什么，将左手两指立在柜台上，右手握拳做出敲打的动作。售货员给了他一把锤子，他摇了摇头，特地指了指立在柜台的两根指头。售货员恍然大悟，把钉子递给了他。聋哑人刚离开，有位盲人进了商店，他想要买一把剪刀。你认为盲人会怎么做？"

阿西莫夫心想这个问题太简单了，于是边打手势边说："他会做这个动作。"他伸出了两根手指，做剪刀状。修理工一听忍不住哈哈大笑："博士，你答错了。盲人买剪刀只要说一声自己想要什么就行了，根本用不着做手势呀。"阿西莫夫这才意识到自己犯了低级错误。修理工又接着说："我早就料到你会答错。因为你受过太多教育，所以看上去很聪明，实际上却不是这样。"

博士因为储备了太多的知识，头脑反而不如一个修理工灵活，可见，知识和经验也会成为人的负累，一个人掌握的知识越多，积累的经验越丰富，就越容易形成思维定式，而这种思维方式常把人带进固有的路径和模式，使人陷入思考的误区，对此我们一定要加以警惕。

人的思维空间本该是无限延展的，可以容纳亿万种可能，然而由于定式效应的干扰，我们的思维被限制在一个狭小的区域，那个区域是为我们所熟知的，也是阻碍我们探求其他路径的最大障碍，我们必须排除这种干扰，才能找到更有创意的解决方法。

08. 泡菜效应：近朱者赤，近墨者黑

腌制过泡菜的人都知道，把同一种蔬菜浸泡在不同的水中发酵，过一段时间，将它们分别煮来吃，口感和味道是不一样的。其实人就像泡菜一

样,在不同的坛子里浸泡,就会被染成不同的气味。人是环境之子,在某种环境下成长,由于耳濡目染,秉性气质都会深受影响,久而久之,自然与环境融为一体,以至"久居兰室不闻其香,久居鲍市不闻其臭",完全变成了环境的一部分,这种现象就叫作"泡菜效应"。

泡菜效应揭示的是"近朱者赤,近墨者黑"的道理,健康良好的环境可以造就一个人,极度恶劣的环境则会毁灭一个人。环境对于人的影响是根深蒂固的,在人的童年时代尤其如此,所谓的"出淤泥而不染"是少数成年人经过修心养性才能达到的境界,所以古时孟母三迁择邻是非常必要的。

当你步入少年和青年时代,学校教育对你人格的养成起到了非常关键的作用,你的人生观、世界观、价值观就是在学生时代逐渐成型的,你的能力和素养也是在这一阶段被培育起来的。因此从某种意义上说,一个人能否成为德才兼备的高素质人才,学校是不可忽视的一环。曾经荣获过诺贝尔物理学奖的科学家温伯格曾说过:"我之所以获奖,是因为我们学校有一种人才共生效应。"确实如此,在温伯格同级校友中,涌现出了十多个优秀的物理学家。他所就读的康奈尔大学俨然就是一个培养人才的摇篮,所以他把自己的成功归结为学校环境对自己的积极影响是有一定道理的。

一流的环境更容易诞生一流的人才,恩格斯说:"人创造环境,同样,环境也创造人。"环境对人的成才和成长具有不可忽视的影响。所以,我们要努力为自己争取良好的生存和成长环境,多多认识和接触有品格有素养的人,让自己潜移默化地受到熏陶和影响,这样我们也可以成为一个更优秀的人。

泡菜效应告诉我们,环境对人有着不可抗拒的影响作用,所以我们决不能低估外部环境对自身人格和素质的影响。外部环境包括家庭环境、教育环境和社会环境三部分。家庭环境是我们无从选择的,但教育环境和社会环境则是可供我们选择的。即使我们不能迈进人才济济的名校，只要创造机会，多多认识比自己更优秀的人，同样可以学到让我们终身受益的东西。

刚刚来到这个世界时，每个人都是一张没有任何内容的白纸，是后天的环境把我们塑造成了不同的模样。环境不是我们的外衣，而是我们的塑形师。因此，我们一定要尽最大努力为自己选择对自身有积极影响的环境，避开让人腐化堕落的环境，这样才能成为自己想要成为的人。

09. 攀比效应：别人都有，我也要有

生活中，你是否有这样的行为：看到身边的大多数人都购买了某品牌的智能手机，而你本来有一台令自己满意的，但是为了面子，也鬼使神差地去购买了一台；某个夏天，看到周围的人都穿某品牌的套装，你也开始去关注那个品牌的服装……这其实就是心理学中的"攀比效应"，即当一款产品、服务或者身份比较容易获得，并且开始逐级形成一种趋势，大家会感到别人有了，我也得去搞一个。这些东西对个人不一定很有用，但是如果你没有，就会感到低人一等，并且一旦推广到某个爆发点，则会更加快速地发展。

生活中，人人都或多或少有点虚荣心，对某样东西，看到别人都"拥有"的情况下，觉得自己没有是一件丢人的事，于是即便自己不需要，也会不自觉地去关注某样东西。最终占为己有。在生活中，很多销售商、广告商都会运用这种群体心理引导消费者的购买行为。

一位爸爸领着儿子走进手机卖场，准备为刚上高中的儿子选购一款手机。面对种类繁多的手机，父子俩很快乱了阵脚，儿子要买这款，父亲要买那款，争执很久还是决定不了，儿子烦躁极了，赌气说"不买了"，转

身便要回家。

柜台经理见状，赶紧迎上前来，一边劝说着气急败坏的孩子，一边拿出两款还没有给他们看过的手机推荐着："这两款手机都是最新的款式，价格适中，重要的是它的MP3播放功能，这款手机虽然不是音乐手机，但是它的音乐播放功能十分强大，支持无线上网，配有蓝牙耳机，特别适合这个年龄段的孩子使用，我们这款手机的消费群体，主要就是13周岁到17周岁青少年。选择这款手机绝对是明智的，这款手机的性能在你的同学中间，绝对是最好的，我儿子使用的就是这款手机。"听完经理的介绍，孩子的眼睛变亮了。结果可想而知，没有人能够拒绝成为同一阶层中"最棒的"这样的诱惑。

消费者的攀比心理是基于消费者对于自己所处阶层、身份和地位的归属问题，从而参照所在阶层人群的消费层次而进行消费的行为。相对于消费者的炫耀心理，攀比心理更在乎"有"，简言之，就是你有的我也要有。销售员在推销商品的时候，只要抓准消费者的这个心理，就能达到很好的说服效果。

在职场中，同事与同事之间也难免会攀比。今天可能会比谁的衣服好看，明天可能会比谁的职位升得快，后天可能会比谁的男朋友或老公比较阔绰，总之人与人之间能够攀比的内容多种多样。有人说攀比是一种消极的情绪，人们为了满足一时的虚荣心而使自己陷入消极的情绪中，很容易让人迷失自己。攀比固然会降低人的幸福度，但从一定程度上讲，攀比也是让人进步的源泉，正因为有攀比这样的心态存在，人们才会为了追求自己的目标而前进与奋斗。

第四章
什么在牵制你的情绪

"我今天心情不好""我今天太高兴了""我好害怕"……每个人都有自己的情绪,每天都在变换着不同的情绪。很多人知道自己是有情绪的:会高兴、会生气、会悲伤、会恐惧……然而却不知道自己为什么会产生这些情绪?情绪是从哪里来的?为什么自己的情绪会不断变化呢?有些人甚至不知道什么是情绪,情绪具体是指什么?

人的情绪就像一个"万花筒",多姿多彩又变化莫测。因此,很多人不仅对别人的情绪捉摸不透,对自己的情绪更是未知。俗话说:知己知彼,百战百胜。我们若想调控好情绪,让自己做情绪的主人,首先需要明白情绪,了解那些左右我们喜怒哀乐的力量,探索出自己情绪的来源,知道自己的情绪变化规律。总之,学会认知自己的情绪,这样才能打败坏情绪,战胜坏心情,让自己天天拥有一个好心情。

01. 情绪抉择：情绪取决于你自己

瑞英是一位公司的白领，最近她陷入了苦恼之中，谁也不爱搭理，和谁都不想讲话。朋友问她为何会看上去总是郁郁寡欢的？她告诉朋友在单位里她最勤快，每天都提前到单位去打扫卫生，其他人都太过懒惰，让她很是看不惯，经常批评他人。她曾经真诚地帮助过单位里的好几个人，为她们做过事情，还借给他们钱。然而就在某一天，她偶然得知这几个人不但没念她的好，反而在背地里讲她的坏话。瑞英一下子震惊了，她的精神一下子垮了。她没想到人心如此叵测，周围的人会如此地自私自利。因此，很长一段时间，她都处于抱怨与愤怒的情绪之中，无法摆脱。

问题出现时，我们往往将关注的眼光聚焦在客观的因素上。如上述案例中的瑞英，将自己所受到的打击归因于外界：同事不念她的好，说她的坏话。这种做法无异于"关起门来敲门"，因为我们自己便是引发问题的根本原因，但我们却将关注的视角伸向了门外：别人或者外界的因素，而不从自身找原因，忽略了所有情绪的产生皆是我们任由外在因素影响导致的结果。

情绪是你对这些外界刺激的反应所导致的。面对相同的外界刺激，不同的人会有不同的情绪反应。这也说明，情绪是一种选择，而不是任何事情的结果或者成果。

心理学情绪理论认为：情绪、情感的产生源于客观的事实。但是情绪、情感又不是对客观现实直接、机械的反映。客观事物对人的作用必须通过人的认知过程，而人的认知过程已有知识经验的制约，并与人的态度或者愿望相结合。正是这种制约，当事件符合人的认识和愿望的系统时，就产生积极的情绪；当出现的事件非己所愿，就容易产生消极的情绪。因此，认知在情感、情绪的产生中起着中介作用。

同样的一件事情，不同的认知方式将会产生两种截然相反的情绪。在遇到困难时，如果你总是怨天尤人、自暴自弃，那么你就会陷入情绪的泥潭中，越是挣扎便陷入越深，而如果你选择以愉快的心情对待它，那么，它很可能就会变得微不足道，变得有益且鼓舞人。比如，在生活中听到有人不停地向你抱怨，你可以选择生气，制造出不愉快的猜测：这个家伙是在找我的茬，他在暗示我做得不好，等等。当然，你也可以这样去想：他只是在表达自己的情绪而已，也许是心情不好，也许是有什么对我误解的原因。于是，你便能以宽容的态度谅解对方，以适当的方式处理矛盾，自己也避免了不愉快的干扰。可见，情绪是一种选择，而不是任何事情的结果。正如查尔斯·斯温多尔所忠告的那样："我们每天都可以有选择，我们可以自行决定要以哪种态度拥抱这一天。我们无法改变自己的过去，无法改变不能避免的事实。我们唯一可以做的事情就是在自己拥有的这条弦上好好演奏，这就是我们的态度。我深信生活之中有10%的事情是注定要发生在我们身上的，其他的90%则是如何做出回应的问题，你的情形也不例外。我们主宰了自身的态度。"很多时候，当你被周围的事情逼得几近疯狂的时候，不要以为是情绪逼疯了你，而是你对造成情绪的种种问题的反应过于激烈。

艾伦·希伯来有两个可爱的儿子：大儿子卢卡斯是个悲观的人，平时看上去总是忧心忡忡的；二儿子雷奥却是个积极乐观的人，每天总是以微笑示人。为此，艾伦·希伯来看到卢卡斯很不高兴，很想让他赶快高兴起来，于是，对他疼爱有加。

有一年圣诞节来临之前，艾伦·希伯来要给两个儿子送他们心爱的礼物。在当天夜里，他就把礼物挂在家中的圣诞树上。第二天早晨一起来，兄弟俩就都起来了，都想着父亲会送给自己什么样的礼物。父亲送给哥哥

卢卡斯的礼物有很多,有气枪,一双可爱的羊皮手套,还有一辆崭新的自行车和一个十分漂亮的足球。而哥哥就将自己的礼物一件件地取下来,但是脸上没有丝毫的表情,看上去忧心忡忡的。

见状,父亲就问卢卡斯:"这些礼物都不是你所喜欢的吗?"卢卡斯忧心忡忡地说道:"你自己看看吧,我拿着气枪出去玩的话,一定会打到别人,难免会给自己招来祸端;而这一双羊皮手套则很是暖和,但是如果我戴着出去,一定会挂在树枝上面,这样会生出极多的烦恼和麻烦;还有这辆自行车是很好玩,但我说不定会撞到墙上,摔跟头;而这个足球,我终究会把它踢爆。"父亲听罢,丧气地出去了。

刚刚出门,就看到小儿子雷奥,他好像一个快乐的天使似的。然而,他除了收到一个纸包,什么也没有。但是,当他打开纸包以后,就哈哈大笑,兴奋得不得了。一边笑一边跑,好像在院子中寻找什么。父亲就问他:"你为何如此高兴?"他说:"我得到了一包马粪,咱们家中一定藏着一头小马驹。"最终,雷奥果然在庭院后面的一间屋子找到了一匹小马驹,然后兴奋地跳了起来。随后,父亲也跟着大笑起来:"真是一个快乐的圣诞节啊!"

同样的环境,大儿子卢卡斯却始终高兴不起来,而小儿子雷奥却能幸福十足。可见,一个人内心是否快乐与外界的环境和与他人对你的态度没有多大的关系。生活中,很多人认为自己之所以会产生愤怒、沮丧、痛苦等负面情绪,皆是因为外人的无礼要求或行为而产生的。但心理学上认为,无论他人的态度与行为如何,自己的任何情绪皆因自己而起,自己才是自身情绪与不幸福的根源。

美国著名心理学家泰勒·本·沙哈尔指出,自身情绪障碍是自身的思维、信念所引起的,没有人能使你不快乐,除了你自己。所以,你自己才是自身情绪的制造者。与此同时,你也是自身情绪的主宰者,你具有调节自身情绪、避免陷入不必要的情绪困扰、掌控与运用自身情绪的能力,这种能力就是你的情商。

心理学研究表明，人除了拥有智力商数外，还存在着另一个生命科学值得重视的参照元素，叫作情绪商数，即情商，即指人所具有的一种重要的能力，正如美国的心理学家、情商之父丹尼尔所说的那样，一个人的成功，20%靠智商，而80%靠情商。一个高情商者是懂得如何认识自身的情绪变化规律，并且懂得去驾驭、协调和管理自身情绪的人，这样的人最易取得人生幸福与事业的成功。

02. 塞里格曼效应：没有绝望的环境，只有绝望的心态

生活中，你是否有过这样的体验：你下决心去做一件事，比如学厨艺、学写作，你很用心地去学，却接二连三地受到他人的打击或者受挫，接下来，你便对你所学的事物丧失了兴趣。其实，这便是心理学上的塞里格曼效应，即指人或者动物在接连不断地受到挫折，便会感到自己对于一切都无能为力，丧失信心，陷入一种无助的心理状态。

其实，在现实生活中，那些长期经历失败的儿童，久病缠身的患者，无依无靠的老人，他们身上经常会出现"塞里格曼效应"的特征：当一个人发现自己无论如何努力，无论干什么，都以失败而告终时，他就会觉得自己控制不了整个局面。于是，他的精神支柱便会土崩瓦解，斗志也随之丧失，最终便会放弃所有的努力，真正地陷入绝望之中。其实，从心理学的角度分析，这个世界上并没有真正的绝望，能使人陷入绝境的只是绝望的心态。

塞里格曼效应理论源于1967年他以狗为对象而做的一组实验：

程序一：将一条狗放进一个笼子里面，锁住笼子门使狗无法轻易从笼

子里面逃出来。而笼子里装有电击装置，通过这一装置给狗施加电击，电击的强度刚好能够引起狗的痛苦，但不会使狗毙命或受伤。

塞里格曼发现，这只狗在一开始被电击时，拼命地挣扎，想逃出这个笼子，但经过再三的努力，它发现无法逃脱后，挣扎的强度就逐渐降低了。

程序二：将这只受过电击的狗放到另一个笼子中。这个笼子由两部分构成，中间用隔板隔开，隔板的高度是狗可以轻易跳过去的。隔板的一边有电击，另一边没有电击。实验者发现，这只曾经受过电击的狗除了在头半分钟惊恐一阵子外，此后一直卧倒在地。绝望地忍受着电击的痛苦，根本不去尝试有无逃脱的可能。

程序三：将没有经受过电击实验的狗直接放进有隔板的笼子里，发现这些狗全部都能逃脱电击之苦，轻而易举地从有电击的一边跳到安全的另一边。

通过此实验，塞里格曼得出结论：无助感是可以习得的。当一个人在一件事情上失败的次数过多，人们便会将失败的原因归纳为自身不可改变的因素，放弃继续尝试的勇气和信心，并且还会对自身产生怀疑，觉得自己"这也不行，那也不行"，无可救药，就像实验中的那条绝望的狗一样。而事实上，当我们对"自我产生怀疑"的时候，我们并非是"真的不行"，而是陷入了"塞里格曼效应"的心理状态中，这种心理能让人自设樊篱，将失败的原因归结为自身不可改变的因素，放弃继续尝试的勇气和信心。破罐子破摔，比如会消极地认为学习成绩差是因为自己智力不好，失恋是因为自身本身就令人讨厌等。所以要想让自己远离绝望，我们必须学会客观理性地为我们的成功和失败找到正确的归因。

林肯是美国最伟大的总统之一，在他的一生中，经历过无数的"绝境"。但他却始终没有放弃，没受"塞里格曼效应"的影响，最终靠自己的坚持和毅力入驻白宫。

第四章
什么在牵制你的情绪

我们且来看他一生的经历：

1816年，家人被赶出了居住的地方，他必须出去工作，以抚养他们，那一年他还不到10岁。

1818年，母亲去世。

1831年，经商失败。

1832年，竞选州议员，但落选了。那一年，他的工作也丢了，想就读法学院，但又进不去。

1833年，他向朋友借了一些钱，再次经商，但年底就破产了．接下来他花了16年的时间，才把欠债还清。

1834年，再次竞选州议员，这次命运垂青了他，他赢了！

1835年，订婚后即将结婚时，未婚妻却死了，因此他的心也碎了。

1836年，精神完全崩溃的他，卧病在床6个月。

1838年，争取成为州议员的发言人，但没有成功。

1840年，争取成为选举人，但却失败了。

1843年，参加国会大选，但落选了。

1846年，再次参加国会大选，命运第二次垂青了他，他当选了！而且前往华盛顿特区，表现也可圈可点．

1848年，寻求国会议员连任，但却失败了。

1849年，他想在自己的州内担任土地局长的工作，但被拒绝了。

1854年，竞选美国参议员，但落选了。

1856年，在共和党的全国代表大会上争取副总统的提名，但得票不到100张。

1858年，再度竞选美国参议员，再度失败。

1860年，当选美国总统。

有人曾为林肯做过统计，说他一生只成功过3次，但失败过35次。

35次的失败都没能击败林肯，没让他走入"塞里格曼效应"的怪圈中，正可以说明一个问题：这个世界上没有真正的绝境，能让人绝望的只是心态。很多时候，一次失败并不代表什么，更不能说明你的能力低下或你不够聪明，它只是你通向成功之路的一个小插曲而已，你需要的就是要在绝望的环境中给自己足够的勇气和信心，一举获得成功。

03. 心理摆效应：你的情绪为何摇摆不定

我们常用"心如止水"来形容人的淡定状态，但事实上，没有人可以做到永远心如止水，我们的心情就像潮水一样有涨有落，又像钟摆那样摇摆不定，前一秒钟还是欢欣鼓舞的样子，后一秒钟就有可能陷入深深的忧伤。这不是因为我们本身有多么敏感，而是因为人的情绪本来就会在积极与消极、亢奋与沉静、欢乐与哀伤的两极之间游走，这种现象就被称为"心理摆效应"。

在心理摆效应的影响下，我们的情绪会由"沸点"迅速降到"冰点"，常常会乐极生悲，引起诸多复杂微妙的感受。比如，刚刚实现了某个人生目标或是获得了某项成就，起初会被强烈的幸福感包围，但没过多久就会陷入深深的空虚。再比如，参加聚会时，气氛无比热闹，大家在一起谈笑风生心情非常愉快，但曲终人散后就会觉得格外孤独和冷清。

"心理摆效应"不仅严重影响我们情绪的稳定性，还会影响我们的健康心态，给我们的心境蒙上阴霾。被心理摆效应控制的人要么喜怒无常，要么莫名悲伤，这无疑会干扰到我们的正常生活。我们只有让心灵上的钟摆停止频繁摆动，才能拥有一个明快、健康的阳光心态，积极昂扬地面对每一天。

从前，有位国王想要退位，打算在两位王子中选定继承人。他的两个

第四章
什么在牵制你的情绪

儿子都很优秀，都是做国君的合适人选，而王位只有一个，这让他犯难了。后来国王想出了一个办法来考验王子。他分别给了两个儿子一枚金币，吩咐他们到集市上买一样东西，然后让他们带着精心挑选的物品回宫。王子们出宫前，国王派人悄悄地把他们的衣兜剪坏了，每个人的衣兜都被剪出了一个小洞。

到了下午，两个王子都从集市上赶回来了。大王子一脸沮丧，一副失魂落魄的样子，因为他两手空空，什么也没买回来。小王子虽然也没有带回任何东西，不过看起来心情依旧不错。国王佯装糊涂，关心地问儿子们究竟发生了什么事。大王子难过地说："我把金币弄丢了，这才发现衣兜破了个洞。"小王子则回答说："我的金币也丢了，不过我却用这枚金币买回了一个宝贵的教训，那就是在购买物品前要仔细检查一下衣兜，看衣兜有没有破洞，确保里面的金币还在。这可是能让我受用一生的财富啊。"

国王听完两位王子的解释，心中已经有了答案，没过多久他就把王位传给了小王子。小王子即位后，励精图治、勤勉施政，把国家治理得井井有条，无论发生什么事，他都能冷静处理，从来没有因为情绪波动而影响国家大事。在他的治理下，王国日益强盛，百姓安居乐业，举国上下一派祥和。

每个人的心理都存在高潮期和低潮期，有时是因为外界刺激引起的，有时是因为性格和心境使然，面对这种情况，我们必须学会调整自己的心态，努力做到"不以物喜，不以己悲"，避免情绪两极化，这样才能排除各种干扰，从容应对人生中的各种挫折和难题，从而实现自己的人生理想。

应对心理摆效应最重要的就是顺其自然。诗人惠特曼说："让我们学着像树木一样顺其自然，面对黑夜、风暴、饥饿、意外与挫折。"的确，每一种经历都是生命的独特体验，快乐的经历让我们体验到了生活的美好，负面经历让我们了解到了人生之不易，所以说，每一段经历、每一种

体验都是有价值的,我们不必狂喜,也不必失落,要像树木一样安然面对朝晖夕阴的变化、风霜雨雪的侵袭,任何时候都要保持适度的冷静和清醒,用平和的心态积极面对生活和人生。

周国平说:"人生有千百种滋味,品尝到最后,都只留下了一种滋味,那就是无奈。我们不得不把人生的一切缺憾随同人生一起接受下来,认识到了这一点,我们的心中才会坦然。"如果我们足够坦然,心境足够宁和,就不会随着境遇的转换过悲或过喜,心情也不会飘忽摇摆不定了。想要摆脱心理摆效应,必须放下那份执着,欣然接受无力改变的事实,尽力改变生命中能改变的部分,洒脱怡然地面对人生。

04. 情绪抗拒:什么引发了你内心的慌乱

凯丽在与丈夫斯蒂文结婚前,曾经历过一段刻骨铭心的初恋。当初恋男友在一场车祸中丧生后,凯丽的心便死了。她将对他的怀念完全寄托在了一条漂亮的项链上。这是男友送给她的,在与斯蒂文结婚前,她每天都戴着它。但是在婚后的一天,她心爱的项链不翼而飞。她非常确信这件事一定与丈夫斯蒂文有关,因为他总是对她的过去耿耿于怀。为此,她感到极其愤怒,她不理解怎么会有如此冷酷无情的人,居然会对她做出这种事情。她想当面质问丈夫,甚至还想立刻打电话叫警察。

生活中,多数人都有过类似凯丽的经历:因为无端的猜忌或无根据的空想让自己彻底陷入慌乱的状态之中。其实,对凯丽来说,无论是她当面质问丈夫,还是电话报警,都显露出此时的她已经完全被事情本身所控制,而无法理智、清醒地思考。也许她只需要静下心来,试着与自己对话:"我是否应该及早放下那段感情,那条项链有可能会立即找到?我还

第四章
什么在牵制你的情绪

需要多久才能真正接纳斯蒂文呢？当我放下过去，重新拥抱生活的时候，也许才是对初恋男友最好的报答！丢了一条项链而已嘛，这个损失真的会缩减我的本质吗？"尤其是最后一个问题，当她能真正想明白这些时，她便能获得平静。

生活中，我们经常会像凯丽一般，遇到一点点的小事便陷入负面情绪的漩涡中，即使我们已经衣食无忧，但我们仍旧不快乐，仍然觉得身心俱疲。我们越努力，越是想抓住更多，越会觉得内心慌乱？这究竟是怎么一回事呢？对此，美国著名心理学家马斯·吉尼亚指出，这些都源于内心的"自我排拒"。吉尼亚是心理学医生，他从与病人接触二十几年的经历中得出结论：所有内在的慌乱与情绪压力，都源于自我排拒。所谓的自我排拒，是指满足于自我"幻象"而忽略了对真实自我的体验与关注，从而造成对真实自我的背叛、脱离与排斥。

从心理学的角度分析，每个人都是本我、超我与自我的结合体。本我是我们灵性的本质，具有独特的个体气质。"超我"是我们内化父母或者他人、社会的要求希望成就的自我。"自我"则是本我与超我在一定形式上妥协的结果。为了每一次都能表现得更为超我，"自我"便会一次次地背叛"本我"。最终，我们便弄不清楚自己究竟要什么了，便失去了自我，心如浮萍一般不停地随波逐流。其结果就是我们离自己的心灵越来越远，没有足够的勇气面对最真实的自己。用通俗的话来说，我们内心慌乱、抱怨、愤怒、烦恼、痛苦或焦虑，都是人们脱离或背叛"本我"后，陷入自我的"幻象"之中，这个"幻象"是由一个个深刻的"我不够好"，以及由此而投射的"你不够好"而喂养起来的幻象，是不真实的。当自我"幻象"不断地膨胀，并不断地排挤真实的"自我"时，我们的情绪就会变坏，内心也会处于慌乱之中。

那么，在现实生活中，我们该如何克服自我"幻象"，维持内心的平静呢？马斯·吉尼亚给了我们这样的建议：

(1) 认清"幻象",找出你的本来面目。自高自大、自命不凡以及自我否定或贬低等,都会形成自我幻象,这个时候,我们就要认清自己正处于"幻象"之中,要认清楚自己,不背叛"自我",回归本质。

一个人只有真正地认清自己,并向自己开放心灵之门,勇于了解和面对自己的素质与才能、缺点与局限性,才能够轻易地破除"幻象",使自己顺利地将不良情绪排除掉。

(2) 悦纳自我。心理学认为,你不接纳别人或其某个观点、特点,是因为你自己的潜意识中就有类似的东西。真心地接纳自己,才能将心比心,宽容地对待别人的不足。悦纳自我,就是无条件地接纳在任何状态下的自己。无论你如何表现,或者别人是否认同你,都要懂得接纳自己。比如,当你不开心时,你要时刻地提醒自己:我爱我自己,也接纳自己所拥有的这份感觉。你可以大声地复诵这句话,或者在心中默念。把爱的想法传送到压力所在的部位,想象能量自由地流过你不舒服的地方。这个时候,你无须改变任何事情,只需要与已经存在于体内的爱联结起来。

(3) 积极关注。如果你希望自己能够快乐,也不打算过隐世独居的生活,那么,在你悦纳自我的同时,还需要学习积极的关注。你不需要用世俗的眼光评判他们;你接受罪人,但不接受他们的罪行;你接受他们每个人都有缺点的事实,你可以单纯地评判他们的行为,但不去评判他们身为人的本质;当你认定某个人的好坏时,只表示"他的个性很好"或者"他对别人很坏"而已,切勿以偏概全。

05. 卡瑞尔公式：事情已经糟糕透顶，剩下的就是解决问题

有时候摧垮人精神意志的不是人生的重大事故，而是等待事故发生的焦虑和恐惧。一个身患重病的人，在很短的时间内猝然离世，他并不是被病魔杀死的，而是在对自己进行生命倒计时时，被自己的心魔活活折磨死的。由此可见，焦虑比事件本身更可怕。那么怎么才能有效地缓解焦虑呢？美国工程师威利·卡瑞尔提出了这样一条理论：遇到困难时做最坏的打算，同时做好应对的准备，往最好的方向努力，这就是著名的"卡瑞尔公式"。

卡瑞尔公式是威利·卡瑞尔根据自己的亲身经历总结出来的。他曾被公司拍到在密苏里州安装一架瓦斯清洁机。他费了好大的力气才把机器安装好，使它勉强可以投入使用，但是并不能保证机器的运转完全达到公司的要求。为此他懊恼万分，经常由于过分焦虑而彻夜难眠。后来他发明了一套缓解忧虑的方法，这就是卡瑞尔公式。

第一步，想象最坏的情况可能是什么。对于威利·卡瑞尔来说，他最担心的莫过于丢了工作，连累老板损失 2 万美元。

第二步，让自己坦然面对并接受糟糕的情况。威利·卡瑞尔告诫自己，丢了工作就再找一份新工作，这并没有什么大不了。老板损失的 2 万美元可以算作研究经费，他并没有白白损失，不过是在探求新方法时付出了一定的代价而已。

第三步，针对最坏情况做好充足准备，积极扭转困局。威利·卡瑞尔经过几次研究和实验发现，只要再给机器加装一些设备，技术上的难题完全可以圆满解决，结果他不但保住了自己的工作，还为公司创造了效益，

并没有让老板损失一分钱。

当我们面临困境和危机时，随时都有可能要被迫面对最坏的情况，这时越是焦虑越是容易把事情搞砸。冷静地想象可能出现的最坏情况，反而能使我们焦躁不安的心平静下来，促使我们以处变不惊的态度想出更好的应对之策，这样反倒会化不利为有利，促成问题的解决。

有个商人由于生意失败，欠下了巨额债务，为了躲债他狼狈地逃到了乡下。想起苦闷的人生，想起自己的窘境，他万念俱灰，精神几近崩溃。为了散心，他拜访了一户农庄主，希望宁静的田园生活能给自己的心灵带来平静。当时正值瓜熟时节，诱人的瓜香味随着清风钻进了他的鼻子，令他的精神为之一爽。热情的瓜农摘了好几个瓜果邀他品尝。商人一口气吃下了半个香瓜，不住地赞美。

瓜农听到这样的赞美，自然很高兴，于是就跟这位客人讲起了自己种瓜的经历，他说每年四月份，他就忙着播种了，五月份开始着手为瓜田除草，到了盛夏，还要给瓜田除虫。他大半辈子都在种瓜种菜，若是赶上天灾，一年的收成就全毁了。比如遇到旱灾时，瓜秧全都枯死了。遇到洪灾，瓜秧又全部淹死了。苦盼下雨时等不来雨，不该下雨的时节却下个不停，以前他总是很焦虑，但无论怎么忧心，都不能让他挽回收成。他觉得不能再这样下去了，于是便想出了一个积极应对的办法。他想最坏的情况，莫过于发生旱灾或者洪灾，与其提心吊胆，倒不如找出应对的方法，后来他在瓜田旁边打了好几口井，又学会了滴灌技术，以后就再也不怕遇上旱灾了。他还掌握了为田地排水的科学方法，即便真的发生了洪灾，他也不用担心了。

商人从瓜农的话里得到了启发，便离开了农庄返回了大都市。此后每当遇到困难时，他都会做好最坏的打算，同时做好最充分的准备，再也没有被焦虑困扰过，成功地解决了一个又一个难题，五年以后，他成为了当地最成功最有名望的企业家。

在现实生活中，少有人在面对巨大的变故时，能做到"泰山崩于前而色不变"，这是因为突如其来的巨变往往让人措手不及，如果我们能提前做好准备，那么结果就会完全不一样了。卡瑞尔公式告诉我们，当事情已经糟糕透顶时，剩下的就是要集中精力去解决问题。同时也告诉我们，人生不能打无准备之仗，事先评估好风险，为可能发生的情况做好准备，坏事发生时就不至于手忙脚乱，这样做能有效阻止事情向最坏的方向发展。

在日常生活中，我们运用"卡瑞尔公式"来思考问题，并不是一种消极的心态，更不是杞人忧天，把事情往最坏的方向想，事先弄清一切不利条件，有助于我们对全局的掌控，即使最坏的情况没有发生，也能起到防患于未然的作用。

06. 野马结局：生气是对自我施予的一种酷刑

美国密歇根大学心理学家南迪·内森的一项研究发现，一般人的一生平均有十分之三的时间处于情绪错乱的状态。一个人若因为一些小事而使自己情绪失控，以致伤害自己的行为叫作"野马结局"，它源于这样一种现象：

非洲草原上有一种吸血蝙蝠，常叮在野马的腿上吸血。它们依靠吸食动物的血生存，

不管野马怎样暴怒、狂奔，就是拿这个"小家伙"没办法，它们可以从容地吸饱再离开，而不少野马则被活活地折磨死。动物学家发现吸血蝙蝠所吸的血量极少，远不足以使野马死去，野马的死因是暴怒和狂奔。

对于野马来说，吸血蝙蝠只是一种外界的挑战，一种外因，而野马对这一外因的剧烈情绪反应才是造成它死亡的最直接原因。后来，人们就将

那些因为一些不顺心的事而大发雷霆，甚至暴跳如雷，进而危害自身健康的现象叫作"野马结局"。不可否认，动辄便生气的人是极难健康、长寿的。

艾尔玛是美国一名著名的生理学家，他曾经做过一个"气水"实验，将几支玻璃管插在摄氏零度冰水混合的容器中，借以收集人在不同情绪下呼出的"气水"。结果发现，心平气和时所呼出的气，凝成的水澄清透明、无色也无杂质；而人在生气时，呼出的气则会出现紫色的沉淀物。更为要命的是，将收集到的生气时冷凝的"气水"注射到健康的大白鼠身上，几分钟之后，老鼠居然死去了。

现代医学表明，负面情绪是使现代人寿命缩短的罪魁祸首。不良情绪会影响人的消化系统、神经系统和免疫系统等，所以，爱生气的人是极难健康长寿的。医学家说，人每生一次气，就好比在肝上划了一道"伤口"，伤口愈合不仅需要时间，日积月累，你的肝上面还会伤痕累累！生活中，胃癌、肝癌、乳腺癌、子宫癌等重大疾病，无不与爱生气有极为密切的关系。所以，从健康的角度考虑，我们要懂得控制自己的情绪，不要随便生气，乱发脾气。

孙波是某汽车制造厂的业务经理，谈判能力极强，但就是脾气不好。再加上工作压力大，动不动就爱动怒。

有一次，他让助理为他处理一个市场调查的报表，由于时间仓促，不小心把一个城市的销售数额漏掉了，他发现后，丝毫不留情面，当着众同事的面对助理大发脾气，旁边的同事凑过去劝他消消气，让他重做一遍就可以了，但是他还是十分生气，硬是将助理训了一顿，为此，助理也只好辞了职。

他还喜欢钻牛角尖，有时候为了一点小小的问题就会与领导争得面红耳赤，令领导十分尴尬。过后他也为自己的行为感到懊悔过，但他总是控制不了自己。然而，在一次体检时，孙波却被告知自己患了胃癌。刚刚接

第四章
什么在牵制你的情绪

到通知,他还一口咬定是医院弄错了,结果在二次检查时,仍被确诊为胃癌。医生告诉他,因为长时间的生气而引起交感神经兴奋,直接作用于心脏和血管,使胃肠血流量减少,蠕动减慢,长时间积累导致的胃癌。

这个结果令他毛骨悚然,怎么也不敢相信自己年纪轻轻就患这种病。于是,情绪顿时十分低落,整天有气无力,做什么事情都打不起精神来,只是靠手术化疗来治疗。但情况并没有好转,因为长时间心情抑郁,病情变得更为严重了。这对孙波来说,简直是一个没完没了的噩梦,压力也增加了不少。接下来该怎么办呢?事业蒸蒸日上,家庭和睦,孩子可爱,唯独自己的身体出现了问题。他开始不停地抽烟,越想心中就越烦,越想就越伤心,好像不久就要离开人世似的。也没有心思再将精力投入工作中去了,感觉生活失去了光彩,未来一片迷茫。

由此可见,生气是对生命的一种酷刑,是一种伤人伤己的事情。同时,生气发火也是无能的表现,是失去智慧的表现,也是心理素质脆弱、不成熟的表现,也是心胸狭窄的表现。所以,遇事不要轻易动肝火、发脾气,要学会宽容和忍耐。宽容他人的过失,容忍他人的过错,尽力做到不生气。

现代社会,变化大、节奏快、压力重、烦恼多,你要做到不生气、不发火,就要保持乐观开朗的心境与态度。待人处世要看开一些,看淡一些。要知道,人生在世,不如意十有八九,我们不可求全责备,不可以有"完美主义的倾向"。凡事往好的一面看,向好的一面想,着力培养自己积极乐观的心态,那么,你的心中每天都会充满阳光。

另外,平衡心态,也是不生气的金钥匙!那么,如何要保持心态的平衡呢?要做到"善于比较"。经常这样对自己说:比我好的人虽然多,不如我者甚众。比上不足,比下有余;要常想到,我苦,世界上还有比我更苦的人,他们不都在坚强地生活嘛。作家史铁生在《幸福的底线》一文中说:"发烧了,才知道不生病的日子多么清爽;咳嗽了,才知道不咳嗽的嗓子多么安详……人其实每时每刻都是幸运的，因为在任何磨难面前都可能再加一个'更'字。"时常以这样的话来安慰自己，那么，你便不容易再生气了。再者，做到不生气，也要学会"惜缘、知足、宽容和感恩"，知足常乐，能忍则安，如果你能做到这些，那么，你的消极的情绪便可以得到有效的化解。你的健康长寿也便有了保障，利人利己，何乐而不为呢？

07. 史华兹论断：幸与不幸在于自己

生活中，当我们身上发生一些不好的事情时，便会陷入悲观、失望的情绪中。其实，你所经历的所有坏事情，只有在我们认为它是不好的事情的情况下，才会真正成为不幸事件。这便是心理学中的"史华兹论断"，由美国著名管理心理学家D·史华兹提出。也就是说，所有的事情本身没有好与坏，所谓的"好"与"坏"都是我们情绪化的结果。

美国的波音公司与欧洲的空中客车公司曾经因为争夺日本"全日空"的一笔大生意而打得不可开交，双方想尽各种办法，办求争取到这笔生意。因为两家公司的飞机在技术指导上不相上下，报价也差不多，"全日空"一时也拿不定主意。

然而就在这极为关键的时刻，波音飞机在短短的两个月时间便发生了三起空难事件。一时间，来自四面八方的各种负面报道使波音公司陷入了"绝境"，他们产品质量的可靠性也遭到了人们的普遍怀疑。这对正与空中客车争夺的那笔买卖来说，无疑是一个丧钟般的讯号。许多人认为，这次波音公司输定了。但波音公司的董事长威尔逊却不认为它是一件坏事情。他马上向公司全体员工发出了动员令，号召公司全体上下一齐行动起来，

第四章
什么在牵制你的情绪

采取紧急的应变措施,力闯难关。

他先是扩大自己的优惠条件,答应为全日空航空公司提供财务和配件供应方面的便利,同时低价提供飞机的保养和机组人员培训;接着,又针对空中客车飞机的问题采取对策,在原先准备与日本人合作制造的A－3型飞机的基础上,提出了愿与他们合作制造较A－3型飞机更先进的767型机的新建议。空难之前,波音原定与日本三菱、川琦和富士三家著名公司合作制造767客机的机身。空难后,波音不但加大了给对方的优惠,而且还主动提供了价值5亿美元的订单。通过打外围战,波音公司得到了日本企业界的好感。在这一系列努力的基础上,波音公司终于战胜了对手,与"全日空"签订了高达10亿美元的成交合同。这样,波音公司不仅渡过了难关,还为自己开拓了日本这个市场,打了一场反败为胜的漂亮仗。

面对挫败,是悲观消极地自暴自弃,让它成为不可逆转的事实,还是学会积极面对,将"不利的条件"转化为机遇,这取决于人们的主观努力。一个人若能从坏中看好,将坏事变成好事,就会迎来柳暗花明的"契机"。

毕维斯原本是个极为优秀的播音员,但是有一天,因为与老板发生口角被老板一气之下解雇了。当时,他的心情相当沮丧,一回到家,便一言不发,将自己关在房间中。

一个小时过去了,他却满脸笑容地走了出来,并十分开心地对老婆说:"亲爱的,我终于有了一个自立门户的机会!"

第二天,毕维斯就自信地走了出去,并迅速地成立了一家自己的传播公司。

不久,他凭借自己幽默的主持风格,制作了一个"风趣人物"的节目,并亲自主持。从那时开始,毕维斯就成为了美国电视荧屏上的风云人物,取得了辉煌的成绩。

后来,毕维斯还将自己的这段奋斗过程,撰写成了一本激励人心的书

——《是的，你能》。在书中，他这样写道："每一次挫折后面都隐藏着无限的机会，只要你能积极地站起来，就能够看到前面希望的曙光。"

那些最终走出困境的成功者，都是被困难无数次地击倒后仍旧积极进取的人。毕维斯在失意后，及时消除了内心种种消极的情绪，看到了困境背后所隐藏着的曙光，才让自己迅速地走出了迷惘，摆脱了困境。所以，在现实生活中，当我们身处绝境或者是被坏事情包围的时候，一定要学会转变心态，不要将自我禁锢在眼前的困苦中，要看到危机背后所隐藏着的"机遇"，努力重新开始。

一位哲学家说："人生绝望的那一刻，往往是新希望的开始。一切危机的尽头，往往是转机；山穷水尽的地方，往往会柳暗花明。"也就是说，这个世界从来没有所谓的"过不去的坎或者是绝境，有的只是消极的放弃和绝望的思维，只要你的心灵不干涸，化消极为积极，就能摆脱迷惘，看到光明的希望。

08. 乞丐效应：顺时莫张狂，逆时莫绝望

有一个衣衫褴褛的乞丐终日四处乞讨，看尽了别人的冷面冷眼，日子过得十分悲惨。有一天他突发奇想，开始攒钱买彩票。买到彩票后，由于没处存放，他把彩票藏到了破竹篮的底部。一个月后，乞丐终于等到了开奖那一天，他的运气好得出奇，居然中了头彩。乞丐欢喜得发疯了，以为从此就能改头换面变成有钱人了，他兴冲冲地跑到大桥上，随手把破竹篮扔到了河里。心想自己马上就变阔了，带着这个破东西岂不让人笑话。

乞丐欢天喜地地来到彩票中心兑奖，这才想起装有彩票的竹篮子被自己扔进河里了，他蹲在地上忍不住失声痛哭起来，慨叹一切都是空欢喜。

第四章
什么在牵制你的情绪

这种因得意忘形而美梦成空的现象,在心理学上就被称之为乞丐效应。乞丐效应告诉我们,人在春风得意时,最容易被一时的胜利冲昏头脑,若是自鸣得意、沾沾自喜,就很有可能做出让自己懊悔终生的蠢事,以至毁了自己一生的幸福。

人生之路起起伏伏,每个人都可能经历高峰或低谷,只有做到得意淡然、失意泰然、喜而不狂、忧而不伤,一切顺其自然,我们的人生才不会有那么多的大起大落,我们才会拥有平和而朴素的幸福。乞丐效应告诉我们,人在得意时不可忘形,欢愉之后,仍然要保持清醒的头脑,失意时不可颓丧,任何时候都不可以失去志向。只有做到得意时不忘形,失意时不失志,幸福才能常伴随在我们左右。

有一个叫尤里乌斯的不入流的画家,喜欢按照自己的创作意图作画,不在乎自己的作品是不是能卖上好价钱,也不在乎别人怎么评价,所以他一直没过上富足的好日子。日子虽然过得捉襟见肘,尤里乌斯从来就不抱怨,即使很长时间都卖不掉一幅画,他依然很开心。

朋友不忍心看他继续落魄下去,就建议他买张彩票碰碰运气。尤里乌斯对彩票没什么兴趣,也不知道该怎么买,不过在朋友的怂恿下,他还是花了两马克买了一张彩票。让人万万没有想到的是,幸运女神关照了他,第一次买彩票他就中了50万马克的大奖,这可是天降横财呀!

尤里乌斯用意外得来的50万马克买了一栋别墅,过上了非常惬意的日子。可惜好景不长,有一天由于没有熄灭烟蒂,他不慎把房子点着了,奢华的大别墅在火海中化成了灰烬,华庭美宅变成了一片废墟,价值50万马克的房产瞬间化为乌有。朋友们听到消息后,纷纷赶来安慰尤里乌斯,他们忍不住说:"太可惜了,就这样烧得干干净净了。"尤里乌斯却说:"有什么可惜的?"朋友们忙说:"那可是50万马克的损失啊。"尤里乌斯平静地说:"不,我只损失了两马克而已,有什么大不了的。"

尤里乌斯的故事告诉我们,你有可能一朝平步青云,也有可能一夜失

谁在掌控你的人生：
不可不知的100个心理学常识

去所有，人生充满了变数，大部分人都是在得意和失意的交替中度过的。遇到金榜题名、仕途升迁之类的喜事自然要庆贺一番，但绝不能因为一时交了好运气就自命不凡、趾高气扬，即便有朝一日真的飞黄腾达了，也要保持住自己的本色，拥有一份平和的心境，以一颗平常心看待自我，看待世界。这样就算他日跌至谷底，也能从最低处奋起，重新赢回自己失去的一切。

古语说："富贵不能淫，贫贱不能移。"但在现实生活中，大多数人很难做到这一点，很多人一朝得志便狂妄自大、不可一世，因为富贵而灵魂速朽，一旦失去了财富便心灰意冷、自怨自艾，甚至从此一蹶不振。这就是乞丐效应在他们身上的投射，想要摆脱这种影响，就必须看淡得失，如此才能避免乐极生悲。

09. 踢猫效应：别做负能量的"传递员"

有这样一则故事：一位父亲在公司里被老板严厉训斥，心里万分恼火，回到家里就把在沙发上玩耍的孩子臭骂了一顿，孩子感到既生气又委屈，于是把怒气发泄在了无辜的小猫身上，对着沙发旁的小猫狠狠地踢了一脚。小猫逃到了大街上，迎面的卡车为了躲避它，撞伤了路边的孩子。这则故事描述的就是心理学上有名的"踢猫效应"。

踢猫效应指的是把弱于自己的人当成出气筒，毫无顾忌地发泄负面情绪，而引发的一系列连锁反应。在现实生活中，恶劣情绪不仅是可以传染的，而且是可以传递的，一般而言它会由金字塔顶端的人逐层传递，一直扩散到最底层，这样最弱势的人往往就成了受气最多的群体，但这条传递链并不会就此中断，而是会以某种微妙的形式反馈给最初的传递者。

第四章
什么在牵制你的情绪

有些人或许对这种说法不以为然，认为弱小的群体根本就没有这种力量。但玩过斗兽棋的人都知道，象可以吃狮、狮可以吃虎、虎可以吃豹、豹可以吃狼、狼可以吃狗、狗可以吃猫、猫可以吃鼠，而鼠可以吃象。表面看来，大象是无敌的，几乎可以一切通吃，但最后却败给了小小的老鼠。在社会生活中，如果你扮演的是大象的角色，记住千万不要藐视小小的老鼠，也不要藐视任何地位不如自己的人，因为小人物的力量是不可小视的。想要自己不受其害，我们就不要做负能量的传递员，而要果断地切断"踢猫效应"的链条，这样就不会再有人受到伤害了。

林肯坐在办公室里埋头处理文件时，陆军部长斯坦顿脸色阴沉地走了进来，随后一言不发地坐了下来，好像在生闷气。凭借经验，林肯猜到他一定是又受到什么人的指责了。沉默了片刻，林肯主动问："怎么了？你看起来很不高兴，有什么烦恼说出来，也许我能帮你出出主意。"斯坦顿一下子找到了倾诉的对象，便气呼呼地说："有位上将对我说话时非常不礼貌，他的口气让我难以忍受，简直就是在对我进行人格侮辱，他说的事情根本就是子虚乌有，真是气死我了。"

斯坦顿原以为林肯会为自己讨回公道，把那名无礼的上将痛批一顿，没想到林肯并没有说什么，而是建议他给对方写一封信："你可以在信中痛骂他一顿，让他也感受一下被人无端指责的滋味。"斯坦顿觉得这是一个好主意，就附和着说："你想得太周到了，我一定要狠狠地骂他一顿，他有什么资格那样说我呢？"于是就写了一封充满火药味的批评信。

林肯读完信件后，说："你写得不错，一定能达到很好的效果。"然后随手把信投进了炉火里，信纸即刻化为了灰烬。斯坦顿看到这种情形，立即呆住了，他赶忙问林肯："不是你建议我写信教训他的吗？为什么要把我的信烧掉呢？"林肯微笑着回答说："写完这封言辞激烈的信，你的怒气也该消了吧。如果还没消气，那就再写一封吧。"

林肯阻止了斯坦顿向上将发泄怒气，便有效阻断了"踢猫效应"的链

条，避免了负能量的扩散。试想一下，如果上将看到斯坦顿的信会作何反应呢？他极有可能把怒气发泄到比自己级别更低的军官身上，军官又会把怒气发泄到士兵身上，整个军队会因此怨声载道，进而导致国家利益受损，这样最大的受害者将是美国总统林肯。因此林肯从上游切断"踢猫效应"传递链的做法是非常明智的。

每个人都是社会中的一环，当你调整不好自己的心态，肆意地向比你更弱势的人释放负能量时，会在那里引起一系列反应，最后的受害者很有可能把这种负能量以某种形式反馈给你，让你成为更大的受害者。

"踢猫效应"告诉我们不要随意对弱者发威，一旦有了糟糕的情绪，要想办法自己消化，别把任何人当成随时可以踢上一脚的小猫。在办公室里，上司随意辱骂下属的例子屡见不鲜；在餐厅里，挑剔的顾客总是为难低眉顺眼的服务员；在无数个不和谐的家庭里，大人只要一不顺心就可以打骂孩子。这些不文明的现象，反映的都是一种恃强凌弱的行为，让强者没有想到的是，自己也有可能成为一个封闭链条里的受害者。让我们杜绝这种踢猫的行为，平等友善地对待每一个人，让自己变成正能量的传递者，如此世界才会变得更加和谐和美好。

10. 锯木屑效应：别在错误面前一蹶不振

很多时候，我们明知道事情的结果已经注定了，但是依然无法释怀，总是在懊悔和遗憾中谴责自己。即使别人告诉我们要向前看，但是自己还是控制不了自己的情绪。其实，这就是心理学上的"锯木屑效应"。

"锯木屑效应"是美国的雷德·富勒·谢德先生在一次演讲中提出来的。他曾经在演讲中问道："在座有多少人锯过木头？请举手。"这时，大

第四章
什么在牵制你的情绪

多数听众都举起了手,表示自己曾经锯过木头。接着,他又问:"那么,你们之中有多少人曾经锯过木屑?"结果,全场鸦雀无声,没有一个人举手。看到这种情况,谢德先生接着说:"当然,你们不可能去锯木屑,因为木屑是已经锯下来了的。过去了的事情也一样,当你为那些已经做过的事情忧虑重重时,你只不过是在锯木屑而已。"后来,心理学上就把这种用过去的错误惩罚现在的自己的这种心理,叫作"锯木屑效应"。

俗话说,人非圣贤,孰能无过?不过,有的人勇于面对问题,积极改过以求进步,而有的人在错误面前一蹶不振,一直活在昨天的阴影里而不能自拔。既然不是圣人,犯了错误马上承认,积极改正就是了。何必死死纠缠于过去,总是跟自己过不去呢?

在南美洲,人们主要以放牧为生,所以大家对于偷羊贼都深恶痛绝。一旦有人偷羊被抓,就会在他们的前额烙上 ST 这两个英文字母,ST 是"偷羊贼"(sheep thief)的缩写,人们不要随便犯案,不然就要遭受一生无法洗脱的耻辱。

有两个人,因为偷羊被抓,家人赶紧筹了钱款来赎他们。两个人虽然都被赎了回来,可是烙在前额的 ST 字母却再也不能去掉。这两个偷羊的人从此不得不带着耻辱的字母,继续在人们面前生活和工作。

其中一个偷羊人,每天活在别人的眼光与自己的内疚之中,当他每天早晨洗漱时看到镜子中自己前额上的烙印时,他甚至没有活下去的勇气。他每天不敢出门,最后甚至不让家人看到自己的脸。最后,他们全家移民到了一个新的国家,偷羊的人希望在这个没有人认识自己的地方,开始自己新的生活。

可是,当他在这个新的国家定居之后,人们仍旧对他额头上的这两个字母感到好奇。他的心里始终不能放下从前的事情,每天生活在痛苦之中,最后抑郁而死。家人按照他的遗愿,将他的尸体埋在了一处荒芜之地,那个地方几乎没有人去,总算免去了他心头的羞辱。

另一个偷羊贼也深知自己每日的处境，而且他同样对自己过去犯下的罪行感到羞愧。但是他知道，自己既然无法逃避偷过羊的事实，那么就只有继续留在这里，赢回被自己亲手葬送的声誉，才能得到内心的安宁。从此以后，这个人辛勤地劳动，孝顺父母。每当邻居有困难的时候，他都竭力救助，而且从来不求回报。

岁月慢慢地过去，他的名誉也重新在人们心中建立。曾经的偷羊少年，如今已经成了一位受人尊敬的老人。有一天，有个陌生人经过这个村子，看到老人头上有两个字母，就问当地人，是什么意思。

当地人说："他的额上有两个字母，已经是多年以前的旧事了，我也记不清其中的细节，两个字母应该是'圣徒'（saint）的缩写吧。"

故事中的两个人，都因为偷羊，而给自己的身体带来了无法抹掉的烙印。其中一个因为不能放下曾经的耻辱而抑郁终生，另一个则洗心革面，成为了人们心目中的"圣徒"。如此看来，如果一味沉浸在过去的痛苦回忆里，那么我们不是在浪费自己宝贵的生命吗？

东汉时期的著名学者孟敏，有一次背着一个砂锅赶路，一不小心绳子断了，砂锅掉在地上摔成了两半。可是孟敏依然继续向前走，头也不回。

路人喊住孟敏说："喂，你不知道你的砂锅摔碎了？"

孟敏很坦然地回答："知道啊。"

于是路人又很纳闷地问："那你为什么不回头看看呢？"

孟敏微笑着说："既然砂锅已经摔碎了，那么我回头又有什么用呢？"

说完他又继续赶路。

孟敏没有对着打碎的砂锅哭泣，而是选择了轻松赶路。我们面对自己以前的错误，没有必要被"锯木屑效应"困扰。内心不能放下昨天的恐惧，只会使今天以致明天的自己受到更大的伤害。因为，人生中的许多失败虽然难以挽回，但是不停地惋惜悔恨也只是浪费时间。更何况，许多事情只有经历过，才能懂得。比如感情，痛过了，才会懂得如何保护自己；

又如人生，错过了，才会懂得适时地坚持与放弃。

所以，要想克服"锯木屑效应"我们就不能总是对曾经的失败耿耿于怀，应该学会让自己轻松前进。只有走出昨天的错误，我们才能重新找到自己的人生目标。

11. 齐加尼克效应：学会把压力关在门外

随着社会节奏的加快，现代人的压力越来越大，激烈的职场竞争、繁重的工作任务、复杂的人际关系，堪称压在上班族肩头的新三座大山，不少人觉得活得太累，精神一直处于高度紧张状态，似乎随时都有可能崩溃。这种因工作压力太大造成的心理上的紧张状态，就被称为"齐加尼克效应"。

齐加尼克效应是由法国心理学家齐加尼克提出来的，他曾做过一项著名的压力测试实验。实验的内容是先把受试者分成两组，然后分别交给他们20项工作任务，测试期间，故意阻挠其中一组人员的工作，使得他们不能顺利完成任务，而让另外一组成员在不受人为干预的情况下成功地完成工作任务。测试的结果时，由于工作有难度，最初接受工作任务时，两组成员都较为紧张，但实验结束后，顺利完成任务的一组成员紧张感完全消失，而没有完成任务的那组成员精神一直处于紧张状态，压力始终是存在的。

适度的压力可以让我们振作精神，但长期的高强度的压力则会给我们造成沉重的精神负担，严重地影响我们的正常工作和生活。齐加尼克效应在现实生活中是普遍存在的，它对于我们的影响通常是负面的。最直接的后果就是导致人的心理疲劳，甚至有可能引发一些心理疾病。受齐加尼克

效应影响的人，通常不知道该如何放松自己，也不知道怎样休息。比如报刊的编辑在工作的八小时以外，脑海里还想着选题、组稿和排版等一系列工作，工程师大脑里装满了各种公式，时时都在心里默默地计算着，长此以往，早晚会被压力击垮。

常言道："不会休息的人，就不会工作。"的确，不会给自己降压减压的人是不可能把工作做好的，带着紧张的情绪和沉重的心理负荷工作，不仅工作效率不高，还会对自己的身心健康造成巨大的损害。所以放松身心，适度休息是最明智的选择，我们只有轻装上阵，学会把压力关在门外，才能以饱满的精神状态做好每一天的工作。

美国第23届总统本杰明·哈里森面对压力，表现得举重若轻。在当选之前，还是候选人的他十分平静地等待着竞选的结果。明知道印第安纳州的选票直接关系到他是否能问鼎总统宝座，该州的竞选结果会在晚上11点公布，他还是提前睡着了。当朋友电话向他道贺时，他早已进入了梦乡。

第二天，朋友前来拜访时，不解地问他为何在竞选结果还没公布之前就能安然睡下，他语调轻松地解释道："熬夜并不能改变结果。如果我当选，我知道前面的路会很难走。所以不管怎么说，好好休息都不失为一种明智的选择。"

政要人物大多懂得如何排压接压，本杰明·哈里森就是最典型的例子，其实商业领袖在面对繁忙的工作时，也非常注意自己的生活节奏。比如新东方创始人俞敏洪，无论多忙，每天早上都会坚持晨练，至少要跑完1000－2000米的路程，午饭过后他常常会花10分钟时间专门用来散步。每个星期他都会徒步旅行一两次，还会抽出时间游泳，生活安排可谓是张弛有度。每晚11点过后，他都会关掉手机，不再理会商业上的事情，索性什么都不想，让自己自然进入睡眠状态。因为休息得法，他看起来总是那么精神抖擞、意气风发，工作起来状态良好，所以工作效率也出奇地高。

有时候我们必须学会把压力关在门外，才能更好地工作，忙碌了八小时以后，要学会关闭自己的心门，把工作上的各种烦恼统统忘掉，然后回归自己的正常生活，多做一些自己感兴趣的事情，比如阅读、运动、看电影、听音乐、喝咖啡等。科学减压还有许多其他有效的方式，研究表明，随身携带一只有弹力的小皮球，感觉压力大的时候随手捏一捏，能有效缓解人的紧张情绪。有些特定的事物也有助于减压排压，比如富含 DHA 的鱼油、鲑鱼、白鲔鱼、黑鲔鱼、鲐鱼和富含硒元素的金枪鱼、大蒜以及含有维生素 B_2、B_5 和 B_6 的食物。此外，把所有的烦恼全部写在纸上也不失为一种很好的减压方式，研究表明，以文字的方式倾诉心中的苦恼，能有效缓解压力，提升人的积极情绪。

缓解精神压力关键在于心态调整，那些著名的企业家、科学家和其他各大领域的精英，工作更加繁忙，面临的压力也更大，但他们却能精神百倍地迎接每一天，而普通的上班族却被有限的压力压垮了，这是为什么呢？其实两者的差异关键在于心态不同，我们应尽力调整好自己的心理状态，同时注意劳逸结合，以积极的心态面对压力，这样才能抗压成功。

第五章
什么在影响你的受欢迎度

当代社会,人际关系的重要性不言而喻。在事业上,朋友可以助你一臂之力,在情感上,朋友是你最贴心的知己,可以抚慰你的心灵,帮助你渡过人生中的大部分难关。每个人都需要支持和帮助,每个人也都需要友谊的滋润,而这一切都需要在社会交往中实现。培根说:"得不到友谊的人将是终身可怜的孤独者。没有友情的社会只是一片繁华的沙漠。"说明人情味无论是对于个人还是对于社会,都是至关重要的。

在生活中我们常看到这样一种现象,有的人交友广阔却缺少真心朋友,有的人委曲求全却不受欢迎,有的人越想拉近和他人的距离越被排斥在外。这是为什么呢?本章从心理学的角度分析,主要揭示了那些人际交往中的各种定律和效应,让人在了解和认识人际交往法则的基础上,通过调整自己的行为,赢得真正的友谊。

01. 首因效应：别小看第一印象

人与人第一次交往中留下的印象，会在对方的头脑中形成并占据主导地位，这种效应即为首因效应。第一印象作用最强、持续的时间也长，比以后得到的信息对事物整个印象产生的作用更强。

心理学研究发现，与一个人初次会面，45秒钟内就能产生第一印象，而最初的0.25秒至4秒给对方留下的印象是最深刻的，不要小看这短短的4秒钟，别人对你这个人75%的判断和评价都由此而来。所以，别人第一印象中的你不管是不是真实的，以后你留给别人的这种印象都很难改变。

由此可见，良好的第一印象对成为受欢迎的人非常重要，因为，我们永远没有第二次机会，去给别人留下第一印象。而我们给人留下的第一印象，通常先入为主，日后也很难改变。

曾经有一个研究第一印象的心理学家，做了这样一个心理学实验：

心理学家设计了关于同一个男孩的两段文字，这两段文字分别描写了这个男孩一天的活动。

第一段文字写道：这个男孩与朋友一起上学，与熟人聊天，与刚认识不久的女孩打招呼，对迎面走来的陌生人微笑。显然，这段文字把这个男孩描写成一个活泼外向的人；

第二段文字则写道：这个男孩不与自己的同学说话，见了熟人也会故意躲开，还没有跟女生说话就开始脸红，见到陌生人朝他微笑总是假装没看见。显然，这段文字把这个男孩描写成了一个内向的人。

接下来，心理学家将接受实验的人分成两组，让第一组的人先阅读第一段文字，然后再阅读第二段文字；第二组的人所阅读的顺序刚好相反。

在两组都阅读完成之后，请所有的实验者评价这个小男孩的性格特征。

结果，第一组的人普遍认为这个小男孩是个热情外向的人，而第二组的人则觉得这个男孩过于内向，不愿与人交往。

同样的两段文字，不同的阅读顺序，就把故事中的小男孩塑造成了性格截然相反的人。这是因为人们在不知不觉中，倾向于根据最先接受到的信息来形成对别人的印象，也就是第一印象在人的脑海中形成之后，基本不会有所变化。

这个现象也叫作"首因效应"，我们不只是对第一印象，对所有关于"第一"的事物都有着极强的记忆力。比如，世界第一高峰，中国第一位完成统一的皇帝，美国的第一任总统，第一个登上月球的人等等。我们的大脑总会记住第一，但是对第二却往往没什么印象。

所以，在与人交往时，我们给人留下的印象，基本是由我们第一印象决定的。为了在今后的交往中始终保持着别人对我们的良好印象，我们必须在第一次与人见面时全力以赴，争取在第一次亮相的时候，就显出最有光彩的自己。

心理学家认为，第一印象主要是一个人的性别、年龄、衣着、姿势、面部表情等"外部特征"。一般情况下，一个人的体态、姿势、谈吐、衣着打扮等都在一定程度上反映了这个人的内在素养和其他个性特征。

无论你认为从外表衡量人是多么肤浅和愚蠢的观念，但社会上的人们每时每刻都在根据你的服饰、发型、手势、声调、语言等自我表达方式在判断着你。无论你愿意与否，你都在留给别人一个印象，这个印象在工作中影响着你的升迁，影响着你的自尊和自信，影响着你处世的成功与失败。

在第一次与人见面时，我们一定要注意自己的形象，遵循第一印象三部曲。

首先，要充满自信和热情。自信是我们获得成功的必要因素，而热情

是我们赢得别人友情的最佳方法。当一个人充满自信时，不仅仅会让自己的举止谈吐光彩照人，更会对别人充满诚挚的情义，轻松地打动人心，获得别人的好感。有人曾说："热情是世界上最宝贵的财富，热情是行动的信仰，有了这种信仰，我们就会无往而不胜。"

其次，要表现出礼貌与活力。如果说自信与热情是良好第一印象的内核，那么礼貌和活力就是良好第一印象精美的包装。良好的礼貌不仅能够保证我们在交往时避免失误，不会功亏一篑，更能够为我们的印象加分，达到事半功倍的效果。只有当我们的头发梳理得整齐干净，穿着大方得体，面部表情自然而有生气，眼睛炯炯有神，精神状态良好，一举一动间都显得充满活力的时候，我们才能在初次接触时轻松赢得别人的好感。

最后，要显得干练稳重。由于与人交往是一件需要投入许多精力和资源的事情，所以没有人愿意把时间浪费在与自己无关的人的深入交往上。那么，为了赢得别人的重视和良好的第一印象，我们还必须显示出我们的分量。但是，我们与陌生人第一次见面，所交谈的事情往往不会很多，过于显示自己反而引起别人的反感。所以，显示自己分量的最佳办法，就是让对方了解我们的有条不紊，处世老成。

此外，心理学研究发现，人类的记忆或印象具有"记忆的系列位置效果"，也就是说，人的记忆或印象会随着它在话语中出现位置的不同而有深浅之分。一般来说，最有效果的是最初和最后的位置。所以，当与人交际的过程中留下不好的印象或出现某些小问题时，如果能在最后关头将良好印象深植于对方心中，就能挽回原来造成的损失，给对方留下一个良好而深刻的第一印象。

通过对"首因效应"的了解，我们知道了第一印象的重要性。在努力给别人留下良好的第一印象之外，我们还应该注意的是，第一印象并不是一切。为了更全面地了解一个人，我们必须学会客观全面地看待事物。尽管客观看待事物很难，我们每个人都有自己喜欢的颜色与味道，在待人接物时也总是有所偏好。但是，只要我们能够时刻提醒自己，我们所看到的并不是事情的全部；同时，当我们的判断存在错误时，要做到知错就改。那么，即使我们在第一次接触别人时，做不出毫厘不差的判断，但也可以在接下来的深入接触中，有一个全方位的了解。正所谓"路遥知马力，日久见人心"，时间是检验一个人的最好标准。

02. 多看效应：见面长不如常见面

谈过恋爱的人都知道，两个人在一起久了难免会"日久生情"。不论是对人还是对物，我们接触的越多就会越喜欢。这种现象，心理学上称之为"多看效应"。所谓的"多看效应"就是指我们因为接触的次数频繁，最终产生心理偏好的一种心理过程。在生活中，如果我们能够掌握"多看效应"的规律，那么就可以让自己成为一个受人欢迎的人。

所谓的交际就是将陌生人变成朋友的过程。在这个过程中，我们可以通过微笑、眼神、声音和肢体语言来给对方留下良好的第一印象。但是，真正让我们与陌生人成为朋友的却是"多看效应"。

"多看效应"是著名心理学家查荣茨的研究结果。他曾做过这样一个实验：查荣茨博士向参加实验的人出示一些人的照片，但是每张照片出现在人们眼前的次数并不相同。有些照片出现了二十几次，有的出现十几次，而有的则只出现了一两次。之后，查荣茨博士请看照片的人评价他们对照片中每个人的喜爱程度。结果发现，参加实验的人看到某张照片的次数越多，他们对照片中的人也就越喜欢。人们更喜欢那些看过二十几次的熟悉照片，而不是只看过几次的新鲜照片。这样的实验结果证明了"多看效应"的原理：一个人与另一个人的见面次数会增加彼此喜欢的程度。

之后，心理学家又做了另一个实验来验证"多看效应"，实验的内容是：他们在一所大学的女生宿舍楼里随机找了几个寝室，并发给寝室里的女生不同口味的饮料。然后要求这几个寝室的女生，可以以品尝饮料为理由，在这些寝室间互相走动，但是有一个要求，就是彼此在见面时不能够进行交谈。

一段时间之后，心理学家通过调查每个女生的感觉来评估她们之间的熟悉和喜欢的程度。实验的结果表明：女生们见面的次数越多，她们相互喜欢的程度就越大。虽然彼此之间都没有经过语言的交流，但是常见面却让陌生人变成了朋友。

当然，"多看效应"发挥作用还需要一个前提，那就是你给人的第一印象还不差。否则，与人见面的次数越多，反而越引起对方的反感。女人对于死缠烂打的追求者无比厌恶，就是这个原因。

有个商人利用自己的业余时间为一些国内的知名作家牵线搭桥，通过自己的商业关系把他们的作品卖到了海外。其实，这位商人跟这些作家并不认识，只是他经常参加一些作家们的沙龙、集会。而很多海外的出版商也经常慕名而来，请他帮忙联系一些国内的作家。

有一次，越南的一个出版商找到这位商人，说明自己要购买沈阳一个知名作家的作品。得到这个消息的时候，商人正在北京开会。为了不让越南的出版商失误，他给一个出版界的同行媒体朋友发了短信，这两个人在沈阳颇有人脉。一会工夫，两个人都回复了短信，商人得到了他要找的作家的联系方式。同时，朋友还嘱咐他，这位作家现在正在北京开会，过两天就回沈阳了。商人当晚就跟这位作家取得了联系，结果发现彼此竟然在同一个会场开会，中间休息时见过几面。而且在之前的一些会议上也都见过面，说着说着，彼此似乎成了十分熟悉的朋友。最终，商人帮助作家将其若干部作品的著作权卖到了越南。

这位商人朋友总结自己成功的经验说："在如今这缺少交往的年代，

第五章
什么在影响你的受欢迎度

我之所以能够赢得大多数作家的信任,跟我经常在文艺界抛头露面不无关系。我经常参加各种各样的会议,跟行业内的作家进行交流,还经常在有关媒体上发个小文章。露面次数多了,认识我的人也就多了,了解我的人也多了。所以,有的作家虽然与我未曾谋面,可是他对我已经了解不少,我们交流起来也就顺利多了。"

所以,如果你想改善自己的人缘,不妨多在朋友之间走动一下,即使只是参加一些聚会,露个脸,经常与人聊天,拉拉家常,带点小礼物。在这些细节的来来往往中,就无形提高了自己的交际吸引力,也获得了朋友们的好感。

"多看效应"固然可以让我们在与陌生人的交际中如虎添翼,但是需要注意的是,"多看效应"并非是一把万能钥匙,它发挥作用的前提是"首因效应"要好。也就是我们给人留下的第一印象不是很差。如果我们给别人留下的第一印象就很差,那么见面越多反而会越惹人讨厌,这时候再坚持"多看效应"反而得不偿失了。所以,一切的前提,还是要认清自己,将与陌生人交际的法则融会贯通,如此在交际中才能得心应手。

日常中,如果我们想要在交际中把陌生人变成熟悉的朋友,那么就要留心提高自己在别人面前的熟悉度,这样可以增加别人喜欢自己的程度。所以,我们与其跟不熟悉的朋友见一次很长时间,倒不如每次见面时间短一点,见面次数多一点,这样反而能取得更好的效果。而对一个自我封闭的人来说,由于很少与人接触,尤其害怕和陌生人打交道,所以他们也就很难赢得陌生人的好感了。

谁在掌控你的人生：
不可不知的100个心理学常识

03. 改宗效应：好好先生做不得

美国社会心理学家哈罗德·西格尔认为，当一个问题对某个人来说非常重要时，假如他能使反对者改变最初的意见，附和自己的观点，他宁肯喜欢原来那个立场鲜明的反对者，也不会喜欢那个见异思迁的同意者。这就是心理学上的改宗效应。简而言之，人们普遍不喜欢随意附和自己观点的人，而倾向于喜欢那些有自己独立见解，最终在自己的影响下逐渐改变观点的人，因为挑战一个坚定的反对者，并通过自身的努力说服对方，会给人带来巨大的成就感，而跟那些鹦鹉学舌的人打交道，则很难产生成就感。

现实生活中，所谓的"老好人""好好先生"不但不讨喜，反而会被人瞧不起。其实这种现象是很容易理解的，比如有个人对你言听计从、俯首帖耳，从来就没有表达过自己的意见，你便会对他不屑一顾，认为他是在有意讨好你或者认定他是一个没有是非观念的人。若是有个人有个性有主张但并不固执，平时喜欢和你辩论，只要你在道理上能占据上风，他便能对你心悦诚服，这样的人你自然会发自内心地喜悦。这就是为什么性情中人更受人喜欢，而凡事点头称是的好好先生却遭人鄙视的原因。坦白来说，仗义执言的朋友当然比心口不一的人更值得敬重，一个"好"得没有原则的人不过是个道貌岸然的"烂好人"罢了，别人为他颁发的好人卡越多，内心深处往往对他越是不屑。八面玲珑、和稀泥都是些看似聪明的做法，实际上并不能为你在人际交往中加分，只有那些有独立想法的人才能赢得人们的尊重和喜爱。

事实证明，改宗效应对于人际交往影响重大，充当好好先生不但换不来好人缘，还会给人留下极为不好的印象。而敢于率性直言的人，反而更容易赢得别人的尊重和信赖。改宗效应告诉我们，不能因为害怕得罪人，就不敢发出真实的声音，表面上的和气并不是真的和谐，如果你在关键问题上不讲原则，不但会遭人诟病，还会伤害友情，最后也会伤及自身。要知道你不可能讨好所有人，把每个人都当成讨好的对象，只会让更多的人选择离你而去。做一个和善且讲道义的好人，而不是没原则的烂俗好人，是你赢得更多认同的关键所在。

违背自己的观点去附和别人，并不能赢得别人的认可；极力讨好别人，不敢说一个"不"字，往往会被他人看低；谨小慎微，事事怕得罪人，往往会在无意中得罪更多的人，因为大部分人都看不惯言不由衷、处处讨巧的人。放下顾虑，勇敢地说出自己内心的真实想法，虽然不能保障让所有人都喜欢你，认同你，但至少你能找到跟自己志同道合的人，即使别人的观点和你不一致，也未必会讨厌你，正所谓"君子和而不同"，求同存异的处世方式同样能让你获得更多的赞赏。

04. 谣言效应：不在人后说人

由于好奇心的驱使，人们总是喜欢打听和散播谣言。所以，在古代就有"谣言止于智者"的忠告。但交际中智者毕竟太少了，所以谣言总是会被人们传来传去。那么，传遍谣言对一个人究竟会产生怎样的影响呢？

心理学家经过研究总结出了"谣言效应"这一心理学现象，即传播谣言的人不但会给别人带来伤害，而且会让自己尝到苦果。俗话说"来说是非者，即是是非人"，一个对谣言乐此不疲的人，终究会被谣言搞得精疲力竭。

如果有人听到关于自己的负面言论，那么他一定会对那个散播言论的人深恶痛绝。所以老话说："宁肯人前骂人，也不人后说人。"因为，如果别人有缺点，我们当面提出来让他改进，最坏的结果不过是对方无法接受，但是不影响日后的交往。可是，如果我们心里有话当面却又憋着不说，人走了又在背后说个不停。这样的结果不但会与人结怨，而且会让自己的人品大打折扣。

要想躲开"谣言效应"的负面影响，首先要做到的就是光明磊落。自己心里不去算计别人，那么别人背后才不会算计我们。当然，并不是所有的闲话都是有目的性的人身攻击，有些时候只是随口的抱怨和牢骚罢了。可是，很多时候，在交际中把一个人毁掉的往往就是他随口说的一句闲话。

有一天，山中之王老虎不知道为什么，突然身患一种怪病，接连几天都没力气出洞，只好躺在山洞里静养。过了几天，其他动物得知老虎病重的消息，纷纷前来探望，并带来了一些补品，而只有狐狸迟迟没有露面。

这时候，狼站了出来，它因为一直和狐狸之间有过节，彼此很不和睦，于是就想趁机跑到老虎面前诋毁狐狸，说狐狸的坏话。狼说："在这森林中，您是百兽之王，山中的所有动物都很尊敬、爱戴您！现在，您生病了，我们大家都希望您快点好起来，都来看望您，可唯独狐狸没有来，可见你在他心中的地位一般，他一定是觉得您的病好不起来了，所以才会这样怠慢您，迟迟不来看您！"老虎听后非常气愤，声称等他病好后，见到狐狸一定要给它最严厉的惩罚。

就在狼以为自己的闲话得手之时，狐狸气喘吁吁地从外面赶了回来。一听到狼在说自己的坏话，于是狐狸就向老虎解释说："大王，我之所以迟迟不来，并不是怠慢您，而是在到处给您找治病的方子，我更希望您能早日恢复健康。""那你找到方子了吗？"老虎这才缓和下语气说。"找到了！"狐狸告诉他，"只要把一只狼活剥了，趁热将它的皮披到您身上，大

第五章
什么在影响你的受欢迎度

王的病很快就会好了！"

故事中的那只狼，总是伺机在背后说别人闲话，说明它的心态是消极的、易怒的，它需要靠否定别人来进行自我安慰。在面对失败和挫折的时候，它只倾向于把责任推到别人头上，最终让它尝受恶果。

所以，要避免"谣言效应"对自己的影响就要做到害人之心不可有，千万不要因为自己一时的无聊而说别人的闲话。因为在背后议论别人，或者在暗地里数落别人的后果是无法挽回的。

16世纪，圣菲利普成为了当地深受爱戴的罗马牧师。当时，那里的富人和穷人都愿意追随他，贵族和平民也都非常喜欢他。

有一次，一位年轻的女孩来到圣菲利普面前，倾诉了自己藏在心底许久的苦恼。圣菲利普听完后，明白了女孩的缺点，其实她心眼儿不坏，只是喜欢说些无聊的闲话。这些闲话传出去后就会给别人造成伤害。

圣菲利普说："你不应该总是去谈论别人的缺点，我知道你也为此苦恼，现在我教你如何为你以前做过的事赎罪。"女孩点头表示答应了。圣菲利普接着说："你到市场上先去买一只母鸡，等你走出城镇后，你再沿路拔下鸡毛，并四处散布。而且要记住，一定要一刻也不停地拔，直到拔完为止。当你做完这些之后回到这里告诉我。"

女孩听完，觉得这是个好奇怪的赎罪方式，但为了消除自己的烦恼，她没有提出任何异议。于是，她按照圣菲利普所说的，先买了鸡，走出城镇，并遵照吩咐拔下鸡毛，然后就回去找圣菲利普，告诉他自己按照他说的做了一切。圣菲利普说："现在，你已完成了赎罪的第一部分，现在要进行第二部分。你必须回到你来的路上，捡起所有的鸡毛。"

女孩很为难地说："这怎么可能呢？在我回来的时候，狂风已经把它们吹得到处都是了。现在我去捡，或许只能捡回一些，但是我不敢保证能捡回所有的鸡毛。"

"说得没错呀，孩子，那你仔细想过没有？你那些脱口而出的愚蠢话语不也是如此吗？你不也常常从口中吐出一些愚蠢的谣言吗？你有可能就跟在它们后面，但在你想收回的时候就能收回吗？"女孩大彻大悟了，摇摇头说："当然不能了，神父。"

"那么，当你想说些别人的闲话时，就更应该闭上你的嘴，不要让这些邪恶的话如同羽毛一样散落在路旁。"

总是有那么一些人，喜欢在背后谈论别人的隐私，或者影射别人的人格，不管是直接散布还是委婉传播，有时添油加醋，有时绘声绘色。交际心理学上的"谣言效应"告诉我们，这些以害人损失好名声为乐，经常传播流言谣言的人，在他毁人名誉的同时，也毁了自己的名誉。所以，我们应该尽量避免自己成为谣言传播的媒介，宁肯当着对方的面指出问题，也绝不在别人背后说三道四。

在人与人的交往中，几乎每个人都有不希望别人谈论的隐私。我们一旦触及对方的这些禁区，甚至是在背后议论这些痛处时，那么被议论者将永远成为我们的敌人，而听我们议论的人也会瞧不起我们的人格。所以，懂得"谣言效应"的人应该明白是非曲直，要知道什么话能说，什么话不能说。同时努力让自己成为一个光明磊落的人：把话说在当面，不在背后议论别人。这样，我们就可以成为一个受人尊敬的人，别人也会认为我们是止谤的智者，是坦荡的君子。

05. 250 定律：每个人身后都有一个亲友团

美国著名推销员乔·吉拉德说，每一名顾客身后，大约站着 250 名亲友，假如你的服务能让一位顾客满意，那便意味着你一下子就赢得了 250 人的好感；假如你不小心得罪了一名顾客，则意味着你同时得罪了 250 名潜在的顾客，这就是著名的"250 定律"。250 定律运用到商业领域，印证了"顾客就是上帝"的生意法则，它告诉所有从事推销和服务行业工作的人员，要认真地对待每一名顾客。这一定律运用到人际关系上，则有另一番含义，它指的是你务必要善良地对待每一个人，因为每个人身后都站着一个亲友团，它是一个数量不小的群体。你善待一个人，得到一个人的感激，就等于博得了一群人的好感和喜爱；反之，你得罪了一个人，就等于得罪了一个群体，不知不觉中就多了许多敌人。

友善地对待每一个人，给别人点燃一盏明灯，不仅能照亮广阔的天地，还能照亮自己的内心。不要轻慢和蔑视任何人，即使他是一个落魄者，即使他是一个毫不起眼的小人物，即使他是一个与你擦肩而过的陌生人，都值得你认真对待。你向别人施加恩惠，自己也将受益无穷，因为你善待的不仅仅是一个具体的人，还是一个庞大的群体，谁也不能预知这个群体会给你的人生带来怎样的影响。

萨莉是一个刚入行不久的出纳员，第一天上班她显得局促忐忑。由于高中都没有读完，在很长的一段时间里她只能靠领取救济金生活，后来她做过招待员，卖过塑料制品，不过仍然不能维持日常开销。对于这份新工作，她感到非常满意，所以在主管面前表现得毕恭毕敬，恨不能把她的每一句话都默记下来。

主管把一般性的业务流程教授给了她，之后给了她一个建议："要善待每一个人，不要因为某个人穿着简陋，随手递给你一沓脏兮兮的零钱，就不把他当成个人物。"萨莉把这句话牢牢地记在了心上，她十分认同主管的看法。是的，虽然人的社会地位有高有低，但每个人都应该得到尊重和善待。她想起找工作时排队等着面试，一等就是好几个小时的场景，又想起了那些排长队领食品券的日子，别人对她的态度就仿佛她根本不存在一样，这种感觉太糟糕了。

萨莉着手工作时，对每一位顾客都报以善意，她热情地向窗口前的顾

客打招呼，还努力地记住他们的名字，博得了很多顾客的好感。她和善的态度赢得了顾客的广泛认同，也得到了同事的认可，以至于没过多久主管就让她担负起了培训新员工的工作。新来的员工叫莱斯莉，萨莉向主管培训自己那样，先是讲完了一般性的工作流程，然后特别强调说善待每一个人是非常重要的。莱斯莉虽然刚来，但也看出了萨莉的与众不同，她说："你一向对每个人都很好。"同事贝丽卡赞同地说："是啊，她甚至给某些顾客说波兰话，有些老人只爱对着她唱歌。"

萨莉不但对每位顾客很友善，对待每位同事也都十分友好。她和贝丽卡、莱斯莉一直相处得十分融洽，莱斯莉调走以后，两个人依然保持着电话联系。后来萨莉离开了银行，和别人合伙创办了一家公司。在五年的时间里，公司一步步发展壮大，她的合伙人有意出卖自己持有的股份，萨莉很想买下股权，可惜没有足够的资金。正当她犯愁的时候，贝丽卡向她伸出了援手，把她介绍给了自己的朋友们，为她争取贷款。没过多久，她就和贷款负责人见面了，万般没有想到那名负责贷款业务的主管居然就是莱斯莉。莱斯莉说萨莉是自己见到过的最好的老师，她就是从萨莉那里学会怎样对待顾客的，现在她要用同样的方式对待萨莉。

贷款申请很快被批准了，萨莉有了足够的资金以后，顺利收购了合伙人的股权，把公司变成了专属于自己的企业。6年后，公司发展成了一个拥有百名雇员的中型企业。萨莉凭借着做出纳时学到的东西，在业界赢得了广泛的赞誉，事业越做越成功。

你对一个人释放善意，得到的回馈可能是无数倍的善意。每个普通人身后，都有一个稳定且规模不小的群体，你赢得了一个人的心，也就等于赢得了无数人的心。不要轻易放弃任何人，任何一个生命都是值得尊重和善待的，你善待别人，别人也会善待你的，你给别人照亮一段路，别人也许会为你照亮全程。你的收获永远都比付出多。

马克·吐温说："善良是一种世界通用的语言，它能让盲人看见，聋人听到。"善良地对待每一个人，自己的灵魂将得到净化，这个世界也将变得更加美好。不要用功利的眼光把人划分为各种类别，即使和你在利益上没有牵扯的人，也能给你带来意外的惊喜。善待别人，终有一天你会得到更多的善意。

06. 态度效应：你对生活笑，它也对你笑

有人说："生活是一面镜子，你如果对它笑，它也会对你笑。"这说明一个人过得好与坏，主要取决于其态度。其实不仅生活如此，在人际交往中，他人也是一面镜子，你若对他笑，他也会对你笑。笑或者不笑，都取决于你的态度，这种态度决定着你的人际关系，决定家庭教育的效果，决定你的工作业绩，决定你的人生成败，这便是心理学上的"态度效应"。

关于此，有位心理学家曾做过这样一个有趣的对比实验：

在两间墙壁镶嵌着许多镜子的房间里，分别放进去两只猩猩。其中一只猩猩性情温顺，它刚进到房间，就高兴地看到镜子中有许多"同伴"对自己的到来都报以友善的态度，于是它很快地和这个新的"群体"打成一片，奔跑嬉戏，彼此和睦相处，关系十分地融洽。直到3天后，当它被实验人员牵出房间时还恋恋不舍。

而另一只猩猩则是性格暴烈，它从进入房间的那一刻起，就被镜子里面的"同类"那凶恶的态度激怒了，于是它就与这个新的"群体"进行无休止的追逐和争斗。3天之后，它是被实验人员拖出房间的，因为这只性格暴烈的猩猩早已经因为气急败坏、心力交瘁而死亡。

"态度效应"告诉我们，你以怎样的态度对他人，他人便会以怎样的态度对你。可以这样说，在人际交往中，你若想成为受人欢迎的人，就要

懂得以好的态度对待别人。

一天,狐狸请仙鹤吃饭,可他却表现得极为吝啬,端出一只平底的小盘子,盘子里面盛了一点儿肉汤,他假装热情地对仙鹤说道:"仙鹤大姐,千万别客气,请吃吧,吃吧!"仙鹤一看,非常生气,因为她的嘴巴又尖又长,盘子里的肉汤一点儿也没喝到,可是狐狸呢,张开他那又阔又大的嘴巴,呼噜呼噜几下,就把汤喝光了,还假惺惺地问仙鹤:"您吃饱了吧!我烧的汤,不知合不合您的口味?"仙鹤对狐狸笑笑:"谢谢您的午餐,明天请到我们家吃饭吧!"

狐狸正等着这句话呢,连忙说:"好的,明天中午我一定去,一定去。"狐狸一心想在仙鹤家多吃点儿,这天晚饭没吃,第二天早饭也没吃,饿着肚皮,早早来到仙鹤家等着吃午饭了。狐狸一进仙鹤家的门就闻到一股香味儿。他仔细嗅了嗅:"嗯,准是在烧鲜鱼!"心里不由得暗暗高兴。狐狸坐到饭桌前,不一会儿,仙鹤端出一只长颈瓶子放到狐狸面前,指着瓶子里的鱼和鲜汤说:"先生,请吃吧,别客气!"狐狸望着那么一点大的瓶口,他那阔嘴巴怎么也伸不进去。闻着香味,肚子饿得咕咕叫,馋得直流口水。狐狸什么也吃不到,只能看着仙鹤把又尖又长的嘴巴伸进瓶子里,把鱼吃了,汤喝光了,还挺客气地劝狐狸:"吃吧,放开吃吧!"狐狸耷拉着脑袋,饿着肚皮回家了。

人与人之间的交往和关系的维系,需要的是真诚的态度,而不是自以为是的小聪明,没有一个人会愿意活在欺骗与虚假之中。如果你能大方一些,真诚地面对每一个人,你会拥有意想不到的收获。

著名的励志大师卡耐基曾在纽约参加过一个宴会,其中的一名宾客——一个获得一笔巨额遗产的妇人,在宴会中招摇而过。看得出她急于给在场的每个人留下良好的印象。金光灿灿的钻石、珠宝闪耀在她华丽的貂皮大衣上。但是,她的表情尖酸、自私,态度看上去很不友好,所以,没有一个男人愿意搭理她。

后来，卡耐基讲述这个故事时说道："每个男人都知道：一个女人面孔的表情，比她身上所穿的衣服更重要。"于是，卡耐基指出，如果我们只是要在别人面前表现自己，只想使别人对我们表现友好，而从来不对别人示好的话，我们将永远不会有真实而诚挚的朋友。

人际关系学者曾做过如下测验：

首先，让参加测试的人写下自己喜欢的人的名字，从最喜欢的人开始依次写在纸上。接着让受测者将他认为喜欢自己的人的名字，也按照想象中的喜欢程度，依次写在方才记下的名字的左边。测验的结果是，他自己所喜欢的对象和喜欢自己的人，两者的次序基本一致。

这个测验也许不算完善，其中的偶然性也较大。但它却在某种程度上说明了这样的道理：在你喜欢别人的同时，别人也在喜欢你。如果你想得到别人的喜欢，就要先喜欢上别人。只要你喜欢别人，别人就会喜欢你——这是不容置疑的真理。

07. 瀑布心理效应：说者无心，听者有意

看过瀑布的人一定会感慨大自然的神奇。在瀑布的上游，我们看到平静的河水缓缓地流淌，到了悬崖边上，我们却看到激荡的瀑布一泻千里。就好像生活中有些人说话时神情平和，而听到这些言辞的人却被刺痛了神经。这就是心理学上的"瀑布心理效应"。

所谓的"瀑布心理效应"，也就是我们常说的"说者无心，听者有意"的情形。说话的人如同瀑布的上游，内心平和；听话的人却像瀑布的下游，情绪激动。所以，为了避免在交际中不小心刺痛他人，我们一定要把握说话的分寸，不要让舌头快过了你的大脑。

中国人在交际中一向不喜说话没有分寸的人，所以我们有"话多不如话少，话少不如话好"的俗语。而少说话并不代表不说话，而是要用精炼的语句充分表达自己的想法。当然，多交流也不是说闲话，而是懂得言多必失的道理，让自己把话说得恰到好处。懂得"瀑布心理"的人能够让自己既不落入三缄其口的沉默，又不犯喋喋不休的错误，因为他们已经懂得了说话的学问。

曾经有一位记者向美国的第 28 任总统——托马斯·伍德罗·威尔逊问道："准备一份 10 分钟的演讲稿需要花费您多少时间呢？"

威尔逊答道："大概两个星期吧。"

记者又问道："那么，准备一份 1 小时的演讲稿呢？"

威尔逊回答说："一个星期应该足够了。"

记者再次问道："那么，准备一份 2 小时的演讲稿呢？"

威尔逊笑笑，说道："那就不需要准备了，我随时可以开始。"

很多人也许对这位总统的回答感到莫名其妙，怎么越短的演讲稿需要准备的时间越长呢？其实道理很简单：说得越少，越需要字斟句酌，用有限的时间讲清楚每一个细节，并且条分缕析，主次分明，是一件很难的事情。而说得越多越不需要动脑筋，只要随性而为就好了。这也是为什么说话要把握分寸的原因所在。不知分寸地说话很可能会忽略了"瀑布心理"的影响，不仅会把话说走了、说偏了，达不到说话的目的，而且极有可能影响关系，甚至伤害对方。

明太祖朱元璋出身贫寒，曾经做过牧童、乞丐、和尚等不体面的工作。后来，他打败了元朝和其他起义武装，在南京做了皇帝，消息马上轰动了他的家乡：安徽凤阳。朱元璋在贫贱时有过交情的伙伴也都异常兴奋，想要从皇帝那里得点好处。

曾经跟朱元璋一起放过牛的一个伙伴来到南京，要求觐见朱元璋。朱元璋总算不忘旧情，在皇宫里设宴款待了他。席间，朱元璋难免回忆自己贫苦时的往事，来人就对朱元璋说："万岁，不知您可否记得，当年微臣随驾扫荡芦州府，打破罐州城，汤元帅在逃，拿住豆将军，红孩儿当关，多亏菜将军。"朱元璋听罢，不仅回忆起当年，往事历历在目。又看看自己如今的荣华富贵，不禁感慨一番，顺便提拔了眼前的这位故人。

这件事情很快传到当年的其他伙伴耳朵里，其中一个人听了十分不平，心想：他说的不就是小时候一起偷豆子吃的事情吗，当年自己也在场，还救过朱元璋的命呢。于是也连忙上京，到处找门路要见朱元璋。朱元璋知道了老朋友前来，照样设宴款待。酒过半酣，这位朋友不免有些飘飘然起来，当着许多大臣的面说："万岁，如今您富贵了，可是，您还记得从前吗？那时我们替地主家放牛，整天挨饿。有一次，我们在芦花荡里偷了一把豆子，然后放在瓦罐里煮。还没等煮熟，大家忍不住争抢，最后把罐子都打破了，撒下一地的豆子，汤也泼在泥地里。你当时饿极了，抓起一把地上的豆子就往嘴里送，结果连红草叶子也吃进去了。红草叶子梗在你喉咙里，差点要了你的命。后来，还是我抓了把青菜叶子给你吞下去，才救了你的命。"

皇帝听着，脸上一会儿发青，一会儿发紫，最后宴会只好不欢而散。那位当年救过皇帝一命的朋友不但没能得到封赏，反而被赶回了老家。

故事中一前一后的两位朋友，都是朱元璋的故交，说的是一样的往事，叙的是一样的旧情，得到的却是不一样的下场。这完全是因为对听话人的身份认识有别，对说话分寸的把握不同。

但是，人在交际中总要说话，而且大多数人并不懂得"瀑布心理"的重要，也不太在意自己说话的分寸。所以，老一辈人总是会告诫晚辈："说话别拿过来就说，要掂量掂量再说。"拿过来就说，就是说话不加思考，不讲分寸；掂量掂量再说，就是在说话前要先思考一番，把握好了分寸再出口。在交际中，说话时拿过来就说，不加掂量，那是绝对不行的。

我们交际的每个人各自都有不同的成长经历，都有自己的缺陷、弱

点。有些也许是生理上的，有些也许是隐藏在内心深处不堪回首的经历。这一切都是他们不愿提及的"疮疤"，是他们在社交场合极力隐藏和回避的问题。我们之所以要注意"瀑布心理"的影响，就是因为被击中痛处对任何人来说都不是一件令人愉快的事，尤其是他人身上的缺陷。要想克服这种心理影响，就要学会同样的话换不同的说法。这样，对方不仅明确了你要表达的意思，同时也知道你在照顾他的面子，不但能让我们的意思表达完整，更会让对方心存感激，为我们今后的发展提供意想不到的帮助。

08. 海格力斯效应：相逢一笑泯恩仇

在希腊流传着一则发人深省的寓言故事，讲述的是有个叫海格力斯的大力士，一天他在山路上行走，看到有个鼓鼓的袋子模样的东西横在了路中间，他嫌它难看，又怪它挡住了自己的道路，便狠狠地朝那东西踩了一脚。谁知那东西居然迅速膨胀起来，而且越变越大。海格力斯又惊又气，操起一根碗口粗的大棒便朝那怪东西砸了下去，怎料那东西成倍成倍地变大，最后竟把路封死了。海格力斯正因为无计可施苦闷，这时恰好有位圣者路过，他给了海格力斯一个忠告："朋友，你别再动它了，忽略它，忘记它吧。它叫仇恨袋，你不侵犯它，它就像你初见时那样小，你要是总是记着它、冒犯它，它就会马上膨胀起来，和你对抗到底。"

仇恨就像海格力斯在路上遇到的那个古怪的袋子，起初它本来是很小的，假如你能宽大为怀、选择忘却，那么任何人都不会受到伤害，但是如果你选择了记恨和报复，那么仇恨便会成倍地膨胀，直至你无法收场。生活中常有这样一种情况：两个人有了纷争，如果你想打击报复对方，对方便会对你怀恨在心，想方设法地找机会报复你；如果你不依不饶，不肯善

第五章
什么在影响你的受欢迎度

罢甘休，对方便会变本加厉地报复你。你越是释放敌意，别人越是痛恨你，两个人在仇恨的推动下，很有可能鱼死网破、两败俱伤，这种现象就是"海格力斯效应。"

俗话说得好：冤冤相报何时了。以怨报怨是解决矛盾和纠纷最差劲的一种方式，它很容易让我们陷入"以眼还眼、以牙还牙"的恶性循环，导致玉石俱焚的可怕后果。与其如此，还不如大度一点，包容和原谅对方的过失，主动和别人冰释前嫌，把敌人变成朋友。这样对双方都是有好处的。

卡尔是一个专门从事砖块生意的商人，由于生意兴隆，遭到了竞争对手的妒忌，那名对手到处传播谣言，诋毁他的信誉，还贬低其砖块的品质。人们信以为真，不再向卡尔购买砖块，公司损失了很多订单，卡尔非常愤怒。

星期天早上，卡尔去教堂做礼拜，听牧师宣讲如何施恩于那些为难过自己的人，怎样和别人化敌为友。卡尔很赞同牧师的说法，觉得他说的句句都是金玉良言，不过要把这样的观点运用到现实生活中，卡尔觉得自己真是做不到。他的竞争对手实在太卑鄙了，所作所为真是让人难以原谅。这样的人难道也能成为自己的朋友吗？

到了下午，卡尔还在思考牧师的话，正在他感到矛盾的时候，忽然听说弗吉尼亚州有个客户正在建造办公楼，需要的砖型恰好是竞争对手售卖的那种。由于自己公司不生产那种砖，他没办法接下那单生意，不过他可以把生意转给竞争对手，以此证明牧师的话是错误的。他想，以竞争对手的品行，即使受了别人恩惠也不会知道感恩，搞不好还在琢磨使用什么更卑劣的伎俩呢。

这样一想，卡尔便迅速拨通了竞争对手的电话，把弗吉尼亚州的那笔生意介绍给了他。没想到竞争对手竟对他十分感激，并且由衷地感到羞愧。后来，竞争对手再也没有散布过不利于卡尔的谣言，还主动把自己做

不了的生意转给卡尔做。此后,卡尔的生意越来越好,他万万没有想到的是,感化了一个敌人,他真的多了一个朋友。

以德报怨是化敌为友最好的方式,只要你能做到得饶人处且饶人,用宽仁代替仇恨,那么必然能收获善果。世上没有永远的敌人,也没有解不开的仇恨,只有一颗不肯原谅的心。宽恕别人,其实也是在宽恕自己,冤冤相报只会制造更多的痛苦。与其让仇恨啃噬内心,还不如放下一切,主动化干戈为玉帛,与敌人"相逢一笑泯恩仇"。这样做,既卸下了自己的心理负担,又给了别人一次改正的机会,何乐而不为呢?

包容、忍让并不是懦弱,而是一种大智大勇的表现,一个真正的智者绝不会被仇恨蒙蔽,更不会奉行"以其人之道还治其人之身"的法则,一个真正的勇者也不会狭隘到睚眦必报。做人要有海纳百川的度量,最起码要能容人之失、能容人之过,就算对方做了让你痛恨至极的事情,若是已有悔意,你也没有权利剥夺别人洗心革面的机会。尝试着学会原谅吧,无论何时,以德报怨都好过冤冤相报。

09. 互悦机制:喜欢是互相传染的

我们常常有这样的体验:自己喜欢的人,往往也喜欢自己,两个人知道彼此的心意后,往往会互相喜欢得更深。这就是心理学上的"互悦机制"。所谓的"两情相悦""相看两不厌"都是互悦机制在起作用。那么我们为什么会喜欢上喜爱自己的人呢?喜爱我们的人为什么又恰巧是我们喜爱的人呢?难道世间真有一种神秘的力量能让两个互相喜欢的人不约而同地走到一起?从科学角度来说,当然不是。

事实上,人的感觉是互通的。假如有一个人欣赏你、喜欢你,就算没

第五章
什么在影响你的受欢迎度

有直接用言语表达出来，也会通过眼神、动作、表情等将那份信息传达出来，和这样的人相处，你会自然而然地感到愉快，毕竟所有的人都期待得到他人的赏识和认可，当这个人站到你面前时，你会觉得此人彬彬有礼、分外亲切，然后不由自主地喜欢上对方。换作别人也是同样的道理，如果你主动向他人传达出友好的善意，表达出了对对方的赞赏和喜爱，对方也会不知不觉地喜欢上你。从这种角度来说，人与人之间的喜欢未必是同步的，但是"喜欢"这种感觉是可以互相传染的，你喜欢别人，别人就会喜欢你。所以要想赢得别人的喜欢，你首先要让自己喜欢上别人，这就是人际交往的基本法则。

有位花匠被法官雇来美化庄园，法官向他提出了许多建议。花匠连连点头，非常佩服地说："法官先生，您懂得可真不少啊。看来您不但博学，还很有生活情趣啊。我特别喜欢您家那条漂亮的狗，据说它在家犬大奖赛中表现出色，赢得了不少蓝彩带。"法官听到这样的赞美，高兴极了，他开心地说："是啊，养狗确实很有意思，你想参观一下我家的狗舍吗？"花匠欣然同意。

法官用了一个小时时间带着花匠参观狗舍，并向他讲述狗狗们在各种大赛中赢得的奖项。随后他问花匠："你有孩子吗？"花匠说："有。"法官又说："他想养一只小狗吗？"花匠说："当然想啦，他很喜欢小动物，如果能有一只小狗，他一定会很开心的。""那我送你一只小狗吧。"法官慷慨地说道。接着他耐心地解释了如何喂养小狗的方法，由于担心花匠记不住，便热心地把这些建议写在纸上了。

法官花了将近一个半小时的时间和花匠交谈，还赠给他一条价值100美元的小狗作为礼物，两人分别时已然成为了朋友。显然，这位法官很喜欢那名花匠，这是因为花匠真诚地喜欢他，对他的爱好以及他的生活真心感兴趣，两个彼此欣赏的人就这样由原来的陌生人成为了可以亲切交谈的朋友。

既然互悦机制在人际交往中如此奏效，那么我们如何率先传达出友爱的信息，让别人知道我们喜欢他或她呢？当然我们不可以直接告诉对方：我很喜欢你。因为那样做太直接太冒失了。最恰当的方式莫过于真诚地欣赏对方身上的优点，言辞之间流露出对对方的钦佩和赞美之情。需要注意的是赞美一定要发自真心，千万不能给人留下虚伪的印象。

互悦机制告诉我们，爱人者人恒爱之，敬人者人恒敬之。你以友善的方式对待别人，别人也会回馈你同样的友善。你真诚地欣赏和关心别人，别人也会用同样的态度对待你。喜欢是相互的，友好也是相互的。聪明的人从不强求别人喜欢自己，而会先让自己喜欢上别人，设法满足他人的心理需要，以此赢得别人的好感，换来真挚的友谊。

每个人都渴望自己被喜欢，但喜欢与被喜欢都不是单向的，而是一种双向互动的机制。喜欢别人和被他人喜欢互为因果。想要成为一个受欢迎的人，首先要学会表达对别人的喜欢，当你学会恰当地释放善意的信息时，别人也会以善意的方式对待你。

10. 视网膜效应：懂得欣赏自己，才能欣赏别人

生活中有一种奇怪的现象：你越是关注什么，什么东西越是铺天盖地地朝你涌来，甚至铺满大街小巷。比如，你刚买了一件款式独特的衣服，走到街上却发现有很多人跟自己撞衫，这款仿佛衣服一夜间变成了都市的流行套装。再比如，你买了一辆墨绿色的轿车，以为自己的品位很独特，毕竟红色、白色、黑色才是私家车里常见的颜色，正当你为自己与众不同的选择而窃喜时，忽然发现无论是在开阔的高速公路上，还是在狭窄的街巷里，到处都能看见墨绿色的轿车，似乎一瞬间墨绿色成为轿车中的大众

色了。这种现象就是心理学上的"视网膜效应。"

视网膜效应指的是当你拥有某件东西或者某个特征时，会比其他人更加留意别人身上所具备的这类特征。一个人只有懂得欣赏自己，能在自己身上看到闪光点，才能在别人身上看到类似的美好品质。一个看不到自己优点的人，在视网膜效应的影响下，就不可能看到他人的可取之处，你若是笃定地认为自己满身缺点、一无是处，会惊奇地发现自己身上的毛病，别人一样也不少，那么世上就没有人值得你交往了。你以这样的眼光看待自己和他人，就会成为吹毛求疵的讨厌鬼，人人都将对你避而远之。要想赢得好人缘，成为社交圈里最受欢迎的人，首先要学会欣赏和肯定自己，因为只有做到这点，你才能由衷地欣赏和赞美别人。而懂得欣赏他人，运用积极的眼光看待世界，往往是建立良好人际关系最为重要的条件。

查尔斯·舒尔茨小时候是个毫不出众的小男孩，他功课不好，几乎门门功课亮红灯，也不擅长体育运动，在整个学生时代，都没踢过一场好球。他一直默默无闻，没有人格外关注他，同学没有发现他有什么特别之处，他也认为自己没有什么值得称道的优点，但是却一如既往地坚持画画，他坚信自己画得不错，即使没有人真正欣赏过他的作品，他也没有太过灰心。在高中学年的最后一年，他鼓足勇气把自己的绘画作品交给了学校的编辑，希望自己的大作能被发表，但是遭到了拒绝。

高中毕业以后，查尔斯·舒尔茨把自己的画作寄给了迪士尼工作室，又一次遭到了拒绝。除画画之外，他不知道自己还擅长什么，所以除了继续坚持以外他别无所择。带着各种复杂的情绪，他开始用画笔为自己写自传，创造出了一个叫查理·布朗的卡通形象。查理·布朗是一个无比笨拙的小男孩，他学业一塌糊涂，每次放风筝风筝都飞不起来，每次上场都踢不到球。

查理·布朗就是这么一个惹人发笑又让人伤感的倒霉角色，堪比查尔斯·舒尔茨顾影自怜的形象，但他也并非一无是处。他最大的优点就是身上有股坚持到底的精神，其朋友莱纳斯说："就算天气突变，忽然下起了雨，他还是会像往常一样打球，他从来就不知道什么叫作放弃。他还有一个难得的优点，那便是只要是朋友要求的事，他都会竭尽所能办到。"显然查理·布朗身上的优点就是创作者本人的优点，查尔斯·舒尔兹对自己有着十分清醒的认识，正是凭借着这种认识，他成功创作了查理·布朗这个漫画形象，并凭借这一经典形象两度荣获漫画家最高荣誉奖"鲁宾奖"，成为了名扬四海的漫画大师。

是的，我们中的绝大多数人都是平凡之辈，因为不出众，我们常常会忽略自己身上独特的优点，却总对自己的缺点耿耿于怀。其实每个平凡的生命都有不凡的一面，每个人都是一座没有被开发的宝藏，只要你肯用心挖掘，必然会大有收获。卡耐基说，每个人的特质中优点和长处大约占80%，缺点仅占20%。所以，我们有足够的理由自我欣赏，哪怕是孤芳自赏也比自卑要好得多。任何事物都有两面性，比如断壁残垣，在普通人眼里不过是废墟而已，但在考古学家眼里，却是价值连城的古迹，在艺术家和文学家眼里，则是残缺美的典范。人也一样，即使你在别人眼里平平无奇，没有什么可夸耀之处，但是当你换一种眼光审视自己，也能在自己身上发现一种独特的美。带着同样的眼光去观察别人，你会发现人人都是那么可爱可亲，一时间似乎人人都是可交的朋友。

我们从小就被教育要正视自己的缺点和不足，以"三省吾身"的态度不断完善自我。但视网膜效应告诉我们，我们不该把过多的注意力集中到自己的缺点上，而要尝试着发掘自己的优点，这样才能在社交过程中不断发现别人的长处和优点，从而构建起良好的人际关系。

第六章
什么在激发你不断向前

"争强好胜"是人与生俱来的天性。也就是说，生活中人人都渴望自己能比别人优秀，比别人强，也正是这种天性，人与人之间产生了竞争，随着人的各种潜能被无限度地激发，人也开始不断地变得优秀。当然了，人与人之间的竞争也存在各种各样的规则和效应，本章就着重介绍竞争中会出现的各种规则与效应，并从心理学的角度剖析了那些使人不断走向优秀的神秘力量，让人能更从容地面对竞争。

谁在掌控你的人生：
不可不知的100个心理学常识

01. 竞争优势效应：人人都想当强者

哈佛大学曾流行一句话："幸福或许不排名次，但成功必排名次。"可见，人人都爱争强好胜。为此，在心理学中有这样一种理念"竞争优势效应"，即在双方有共同利益的时候，人们往往会优先选择竞争，而不是选择对双方都有利的"合作"。对此，社会心理学家认为，人们与生俱来就有一种竞争的天性，每个人都希望自己能比别人强，每个人都不能容忍自己的对手比自己强。

美国心理学家威廉·詹姆斯曾经做过这样一个实验：

他让参与实验的学生两两结合，但是不能商量，各自在纸上写下自己想得到的钱数。如果两个人的钱数之和刚好等于100或者小于100，那么，两个人就可以得到自己写在纸上的钱数；如果两个人的钱数之和大于100，比如说是120，那么，他们俩就要分别付给心理学家60元。

结果如何呢？几乎没有哪一组的学生写下的钱数之和小于100，当然他们就都得付钱。

这个实验表明：争强好胜是每个人的天性，每个人与生俱来都有竞争意识。但是，竞争意识的强弱，却决定你的内在推动力的大小。

无可否认，强烈的竞争意识，具有强大的动力，它能够极大地调动每个人的积极性、创造性，发挥想象力，使人的科学技术和潜能得到全面、充分的发挥，从而使整个企业的竞争能力得到全面的提高。所以，我们个人要想较快地发展，取得成功，必须要培养自己强烈的竞争意识。

当然了，只有正当的竞争才能推动一个人和组织向良性的方向发展。所以，我们在培养自我竞争意识的过程中，也要明白，竞争不应该是狭隘的、自私的，竞争者应该具有十分广阔的胸怀。竞争不应该是阴险和狡诈的，而应是齐头并进，以实力超越。竞争不排除协作，没有良好的协作精神和集体信念，单枪匹马的强者是孤独的，也不容易取得真正的成功。要树立正确的竞争意识，首要的一点，就是要懂得培养你的竞争对手，同时也要学会向其学习，吸取他们的长处，学会欣赏和理解他们，并对其心存感恩。

在商界曾流行这样一段颇具意味的话：如果没有麦当劳，肯德基的汉堡也不可能这么好吃；如果没有可口可乐，百事也不会如此壮大；没有狮子，羚羊永远也跑不快。真正激励一个人不断成功的，不是鲜花和掌声，不是亲朋的赞美，而是那些置人于绝路的打击和挫折，以及那些想把你打败的对手以及虎视眈眈的同行。这也正如一位哲人所说，任何的学习，都比不上一个人在与敌人较量的时候学得迅速、深刻和持久，因为它能使人更为深入地了解社会，接触社会现实，使个人得到提升与锻炼，从而为自己铺就一条成功之路。所以，从一定程度上来说，我们还要去感激你的那些对手、敌人，正是因为他们，才加速了自己成功的步伐。如果你能以一颗宽容、感激的心去对待你的敌人，那么，你将不再是一个悲观消极，面对失败、挫折、苦难掩面而泣的人，而会成为一个无往不胜的勇士。

02. 鲶鱼效应：有压力，才有动力

鲶鱼效应可谓是最为经典的竞争理念之一，它指的是挪威人大都喜欢吃沙丁鱼，尤其是活鱼。但是市场上活沙丁鱼的价格要比死鱼高出许多。所以，渔民总是会千方百计地想让沙丁鱼活着回到渔港。但是，虽然经过了种种的努力，绝大部分的沙丁鱼还是在中途窒息而亡。但有一条渔船总

是能够让大部分的沙丁鱼活着回来。原来，该渔船的鱼槽里放进了一条以鱼为主要食物的鲶鱼。将鲶鱼放入鱼槽之后，因为周围环境的陌生，便会四处地游动。沙丁鱼见到鲶鱼后便会十分地紧张，左冲右撞，四处躲避，加速游动。如此，一条条沙丁鱼便可以欢蹦乱跳地回到渔港，渔夫就是这样利用鲶鱼收获了最大的利益，这便是著名的"鲶鱼效应"。

在个人竞争中，鲶鱼效应是激发个人活力和激情的重要法则，也是管理者用来激发团队活力的重要方式之一。无论是传统型的团队还是自我管理型的团队，时间久了，其内部的成员因为互相熟悉，就会因为缺乏活力与新鲜感而产生惰性。尤其是一些老员工，工作时间长了很容易出现厌倦、懒惰、倚老卖老，因此管理者就会找来一些外来的"鲶鱼"融入团队，制造一些紧张的气氛。从马斯洛的需求层次理论来说，一个人到了一定的境界，其努力工作的目的就不仅仅是为了物质，而更多的是为了尊严，为了实现自我的内心满足。所以，当你把"鲶鱼"放到一个老团队中的时候，那些已经变得有点懒惰的老队员就会迫于自己能力的证明和对尊严的追求，不得不再次努力工作，以免被新来的队员在业绩上超越自己。否则，老队员的颜面便无处存放了。而对那些工作能力刚刚能满足团队需求的队员来说，"鲶鱼"的进入，将使他们面对更大的压力，稍有不慎，他们就有可能被清除出队。为了继续留在团队中，他们也不得不比其他的人更为用功、努力。可见，在适当的时候引入一条"鲶鱼"，可以在很大程度上刺激一个团队中其他员工的爆发。

一次，本田公司对欧美企业进行考察，发现诸多企业的人员基本上是由三种类型的人组成：一是不可缺少的才干，约占二成；二是以公司为家的勤劳人才，约占六成；三是终日东游西荡，拖企业后腿的蠢材，占二成。而自己公司的人员中，缺乏进取心和敬业精神的人员也许还要多些。那么如何才能让前两种人增多，使整个团队更有敬业精神，而使第三种人减少呢？如果对第三种类型的人员实行完全淘汰，一方面会受到工会带来的压力，另一方面又会使企业蒙受损失。其实，这些人也能完成工作，只是与公司的要求和发展目标相差甚远。如果全部淘汰，这显然是行不通的。

后来，本田先生受到鲶鱼故事的启发，决定对工事方面进行深入的改革。他首先从销售部入手，因为销售经理的观念与公司的精神理念格格不入，而且他的守旧思想已经完全影响了他的下属。必须要找一条"鲶鱼"来打破其部门沉闷的气氛。经过周密的计划，本田先生终于把松和公司销售部副经理、年仅35岁的武太郎挖了过来。武太郎接任本田公司销售部经理后，凭着自己丰富的市场营销经验与过人的学识，以及惊人的毅力与工作热情，受到了销售部全体员工的好评，员工们的工作热情被极大地调动起来，极大地增强了公司的活力。公司的销售出现了转机，月销售额直线上升，公司在欧美市场的知名度不断地提升，活力也大大增强。本田先生对武太郎上任以来的工作非常满意，这不仅仅是因为他的工作表现，还因为销售部作为企业的龙头部门带动了其他部门经理人员的工作热情和活力。

从此，本田公司每年重点从外部"中途聘用"一些精干的、思维敏捷的、30岁左右的主力军，有时甚至聘请常务董事一级的"大鲶鱼"。如此一来，公司上下的"沙丁鱼"都有了触电式的感觉，业绩开始蒸蒸日上。

"鲶鱼效应"一直为很多企业所推崇，因为他能最大限度地激发团队成员的工作积极性和热情，让一潭死水般的企业充满生机与活力。但是，"鲶鱼效应"也存在着种种弊端。比如一个团队突如其来的"空降兵"一到公司就被委以重任，这便扼杀了那些本来就很努力的员工的奋斗激情。要知道，对一个人来说，他们奋斗的目的就是为了晋升，而"空降兵"则阻碍了他们的晋升之路，会在一定程度上挫伤他们的工作热情，如此一来，整个团队的战斗力就都被削弱了。为此，身为管理者在运用"鲶鱼效应"的时候，要综合考虑，采取合理的措施去激励那些努力的员工，让"鲶鱼"去激发那些懒散员工的活力。

03. 瓦拉赫效应：找到自己的优势

每个人的天赋不同，有人曾经用自然界中的动物做比喻说：牛善耕而不善舞，鹤善舞而不善耕。如果一个人选择了自己不擅长的领域进行研究，那么不论怎样努力，最终都可能一无所获；相反，如果一个人能够找到自己的天赋所在，那么他将很轻松地成为这一领域中的佼佼者。这就是心理学上所说的"瓦拉赫效应"，这也说明，生活中，决定一个人成就的从来都不是努力，而是方向。

说起"瓦拉赫效应"，我们不得不介绍一位诺贝尔化学奖获得者，他就是奥托·瓦拉赫。在读中学时，瓦拉赫按照父母的安排，选择了一条文学之路。但是一个学期之后，老师给他的评语却是："瓦拉赫很用功，但过分拘泥。这样的人即使有着完美的品德，也绝不可能在文字上发挥出来。"于是瓦拉赫决定重新选择自己的人生之路，他改学了油画。结果又一个学期之后，瓦拉赫的成绩却是倒数第一，老师的评语是："在绘画艺术方面，你是不可造就之才。"后来，瓦拉赫的化学老师却认为他是学习化学的人才。走上化学之路的瓦拉赫一下点燃了自己智慧的火花，最终获得了诺贝尔化学奖。由此可见，在成功的道路上，学对了方向比努力向前更为重要。

一个人眼前的风景，无论日出日落、花开花谢，都是我们透过自己面前的窗子所看到的。而选择打开哪扇窗子，是每一个人都应该慎重考虑的事情。因为"瓦拉赫效应"告诉我们：孩子每次打开自己的心灵之窗时，会因为打开不同的窗而看到不同的风景。也正是这些不同的风景，组成了每个人不同的人生。

第六章
什么在激发你不断向前

从前有一个善良的小女孩，住在自家的小阁楼里。

一天，当小女孩打开阁楼的窗子，看见邻居正在宰杀一条狗，而那条狗，正是平常和小女孩一起嬉戏的玩伴。小女孩看着窗外的情景，悲伤地泪流满面。

这时，她的母亲走了进来，看到伤心的女儿，就连忙问她为什么哭得如此伤心。小女孩没有说话，只是双眼望着窗外。母亲顺着女儿的目光望去，知道了事情的原因，于是，她把自己的女儿领到阁楼的另一个房间，打开了这个房间的一扇窗子。窗外是一片美丽的草地，草地上开满了鲜花，五彩缤纷，争奇斗艳。花丛中，蝴蝶和蜜蜂忙碌嬉戏，几只小鸟落在栅栏上，慵懒地晒着太阳。

对着窗外的情景，小女孩转悲为喜，擦干了眼泪，开心地笑了起来。这时，母亲抚摸着女儿的头说："孩子，你之前开错了窗子。"

同一个阁楼的两扇窗子，让小女孩看见了不同的风景，产生了不同的心情，对她的人生也产生了不同的影响。当一个人因为眼前的事情而内心浮躁时，不妨试着去打开另一扇窗子，让自己看到人生中的美景。同时告诉自己：一个人的心情完全掌控在自己手里，如果眼前的一切让你感到没有希望时，不妨换一扇窗子。

一次绘画课上，老师让学生们画一幅春天的风景，要求突出大自然的色彩。一个小男孩的作业与众不同，因为他画了棕色的草地和灰色的太阳。当他向大家介绍说，自己画的是绿色的草地和红色的太阳时，教室里顿时发出其他同学的笑声。

后来，老师了解到他原来是一个色盲，给他的作业打了80分，并告诉他："你虽然不能分辨一些颜色，但我相信，上帝绝不会让你的生命缺少任何一种色彩。"

二战爆发后，部队开始大量征兵，而他成了一名狙击手。正是因为他是绿色盲，所以在训练过程中发挥出了惊人的天赋。对于狙击手来说，最

143

关键的就是能够找到敌人的位置，而他能够轻松地从绿色的草丛中分辨出伪装色和绿草的细微区别。

训练结束后，他和其他人一起奔赴了保卫祖国的前线。刚刚入伍一个多月，他就击毙了12名敌人。这完全得益于他的色盲天赋，使得他能在热带草原绿色的波涛中，一眼分辨出钢盔和迷彩服与草地颜色的区别。

战争结束后，他一共击毙了38个敌人，他被授予了英雄勋章。他的名字——宾得，也被永远地载入了狙击手的史册。

宾得作为一个天生的绿色盲，当他打开绘画的窗子时，他的心情开始变得烦躁不安，因为，透过这扇窗子，他看到的是同学的嘲笑。而当他打开射击的窗子时，宾得开始变得成功与自信，因为，透过这扇窗子，他看到的是英雄勋章。所以，想成功就要遵循"瓦拉赫效应"的心理学原理，懂得这个世界上本不存在一无是处的人，每个孩子的特质也没用缺点与优点之别。关键的是家长能否引导孩子找到适合自己的领域，让他们学会不断地尝试更好的人生，直到孩子开对自己人生的那扇窗子。

俗话说"男怕入错行，女怕嫁错郎"。今天无论男女都需要规划好自己的发展方向，否则很可能一辈子碌碌无为。那么，我们该如何规划自己的发展方向呢？俗话又说"尺有所短，寸有所长"。可见我们每个人身上都有自己的闪光点，而这些闪光点正是我们应该努力发展的方向。"瓦拉赫效应"提醒我们：如果在一份工作中付出了大量的努力，但是始终不得要领，那么也许你并不适合这份工作。这时不妨分析一下自己的性格特点，选择一个适合自己性格的领域，这样很可能会做出一份惊人的成绩来。

04. 瓦伦达效应：做事不能患得患失

生活中有一种奇怪的现象：越是关键的时刻，人们越是容易发挥失常。比如平时成绩优异的学生，一遇到重要考试就会考砸；平时在赛场上表现抢眼的优秀足球球员，每到重大比赛就犯低级错误，甚至会把球踢到门框外。人们之所以在关键时刻阵脚大乱，主要是"瓦伦达心态"在作怪。因为太渴望成功，过于患得患失，最终导致失败的现象就叫作"瓦伦达效应"。

"瓦伦达效应"源自一个真实的事件。美国有一位出色的表演艺术家，叫作瓦伦达，他尤其擅长高空走钢索表演，平时行走在钢丝上简直如履平地，从来没有出现过失误，但在一次最为重要的表演中意外发生了，他不幸从高空坠落身亡。事后他的妻子说，我就知道他要出事，以前他只关注脚下的钢丝，没有任何心理负担，而此次表演上场前他总是反复强调这次表演太重要了，他绝不允许失败。

瓦伦达如果能始终保持一颗平常心，悲剧是不会发生的。他的人生经历告诉我们，动机太强，有时会成为行动的绊脚石，一个人功利心太重，得失心太强，往往会离成功越远。法拉第说："拼命去换取成功，但不希望一定会成功，结果往往会成功。"这才是成功者的奥秘所在。

从前有位百步穿杨的神射手，名字叫作后羿，他能以各种姿势拉弓射箭，或站或跪，或策马骑射，无论在什么情况下发箭都能一箭射中靶心，几乎百发百中。后羿的箭术非常高超，简直到了出神入化的地步，见识过他本领的人无一不啧啧称奇。他的名声越来越大，美名传到了夏王耳朵里。夏王很想见识一下这位射箭英雄的真功夫，便召请他到宫中表演。

夏王为了一睹神奇的箭术，便对后羿许诺说："如果你的技艺真像传说中的那么厉害，能让本王大饱眼福，我就赏给你万两黄金以示嘉奖；但是如果你只是徒有虚名，不能射中，我便要削减你的封地。"夏王的一席话让后羿感到分外紧张。他忐忑不安地取出一支箭，然后默默地把箭搭在了弓弦上，准备瞄准开弓。不知什么原因，他那只孔武有力的手忽然变得虚弱无力起来，他感到自己的手在不自觉地颤抖，结果瞄准了好几次都没有成功把箭发射出去，良久箭才离弦，只听"啪"的一声闷响，那只利箭直冲箭靶射去，却没有命中靶心，而是偏离目标好几寸远。

后羿见状，惊得脸色惨白，他再次搭弓射箭时，神经绷得更紧，心情也更加紧张，结果第二支箭偏离靶心更远。后羿对自己的表现很失望，垂头丧气地离开了。夏王更加失望，又感到十分疑惑，于是便问左右大臣："人们都说后羿箭无虚发，今天他为何一箭都没射中呢？"有位大臣回答说："后羿平时练箭心无杂念，心思全在弓箭上，所以能发挥出最高水平。今天他进行的射箭表演关乎到自身的利益，心情过于紧张，当然不能发挥出正常水平啦。"

后羿的故事告诉我们过分在乎输赢，就会影响正常水平的发挥，只有摆正心态，集中精力做好眼前的事，才能将自己的才能展现得淋漓尽致。事实证明，越是拼命抓取的东西，往往越容易失去，越是渴望得到的，越难以如愿，所以我们不妨放松心态，别把名与利、得与失、成与败看得太过重要，要让自己心静如水，全神贯注地投入到自己所从事的事业中去，这样才有希望获得成功。

瓦伦达效应源于人们对失败的恐惧，人们还没有行动，就已经被这份恐惧搞得心神不宁、惶惶不安了，临场发挥失误完全是情理中的事。由此可见，畏惧失败，就会更快地失败，这就是所谓的未战先败。这说明我们只有在精神上先战胜自己，才能克服对失败的恐惧，才能心态平和地走向成功。

第六章
什么在激发你不断向前

05. 马蝇效应：外界的压力会驱使你勇往直前

在这个快马、黑马层出不穷的时代，有些年轻人却甘愿当慢马，整天抱着得过且过的心态，浑浑噩噩地混日子，日益陷入颓废的境地，大好的光阴都被荒废了。有时候自己也痛恨这种状态，可是怎么也摆脱不了身上的惰性因子，不知道该怎样激活自己，遇到这种情况该怎么办呢？答案是时刻鞭策和激励自己。马在没有被蚊虫叮咬时，总是优哉游哉地缓步徐行，一路上走走停停，行进的速度比牛快不了多少，但一旦被马蝇叮咬，就再也不敢怠慢了，立即脚下生风，跑得飞快。这就是所谓的"马蝇效应。"马蝇效应告诉我们：一匹懒惰的马，如果受到了适当的压力和刺激，就会变得精神抖擞。人亦如此，没有压力就没有动力，没有破釜沉舟的决心，就不能振奋精神。

无论在工作还是生活中，我们的身边都存在着各种各样的"马蝇"，我们之所以感受不到被叮咬的刺痛，是因为自己的感觉神经太过麻木了。人生最大的危机莫过于没有危机感，人类社会的竞争残酷程度不亚于凶险异常的大自然。这是一个大鱼吃小鱼、快鱼吃慢鱼的时代，物竞天择是永远颠破不灭的真理，萎靡散漫必将惨遭淘汰。在自然界中，一只翠鸟向下俯冲的速度只要慢了1秒，它就会铩羽而归，久而久之会因为捕不到鱼而活活饿死。同样一条鱼的反应速度只要比翠鸟慢了一秒，它就会成为猎食者的美餐。在非洲大草原上，每当新一天的太阳升起时，母狮都会教育自己的孩子：你必须跑得足够快才能生存，如果追不上最慢的羚羊，就没有食物可吃。母羚羊也在教育自己的孩子：如果你不能跑过最快的狮子，就将成为猎食者的食物。同样的道理，如果我们不够努力，不能成功驯服自

己身上的懒惰基因，就会被竞争对手赶超，很有可能因此失去立足之地。

提起李嘉诚，人们首先想到的是他华人首富的地位以及白手起家的传奇创业故事，却鲜有人知道他成功光环背后的辛酸。李嘉诚之所以能取得让人望尘莫及的成就，不是因为他天赋异禀，也不是因为他年少早慧、早早就立下了雄心壮志，而是他比别人更坚韧更顽强，也更有危机感，而这些都是残酷的生活和生命的重压赋予他的。

李嘉诚的少年时代只能用命途多舛来形容。14岁那年，战火绵延到了他的家乡，一家人在逃难的过程中，父亲感染上了肺结核，苦苦撑了半年就离世了。经历了丧亲之痛的李嘉诚没有时间处理自己的悲伤情绪，因为他还要面对一个更现实的问题，那便是接过父亲的重担养家。他被迫辍学走上社会谋出路，先是寄居在舅父家，并在其开办的钟表公司当起了泡茶扫地的小学徒，工作十分辛苦，收入却非常微薄。

后来李嘉诚也染上了结核病，他没有钱治疗，只能靠毅力对抗病魔。他告诫自己绝不能倒下，家人需要他，他必须振作起来好好工作。为了减轻病痛，他经常早早起来爬到山顶上呼吸新鲜空气，还想了很多方法增强体质。比如从事体育锻炼，帮厨师写家信以换取鱼杂汤，逼迫自己喝下腥味浓郁的汤水，为的是让自己的身体多吸收一些营养。在没有借助任何医疗手段的情况下，李嘉诚的肺结核不治而愈，这简直就是一个奇迹。

丧父之痛以及那段贫病交加的经历，让李嘉诚充分认识到了生活的残酷，此后他时时鞭策自己努力奋斗，22岁就走上了创业的道路，经过数十年的苦苦打拼，终于有了辉煌的事业，成为国内首屈一指的地产大鳄。

李嘉诚的故事告诉我们，生活中的马蝇确实是客观存在的，我们感觉不到痛痒，是因为没有意识到生活的残酷性。在人生的道路上，不只有明媚的阳光和芬芳的花朵，还有电闪雷鸣和狂风暴雨，压力无处不在，危机无处不在，如果我们不能成为飞奔疾驰的骏马，就永远无法拥有一片属于自己的草原，而在竞争中落败的马儿是没有好草可吃的。因此我们必须逼迫自己面对现实，以精神饱满的状态迎接每一天，如此才能保证不输给命运。

在没有经历危机时，我们认为世界是和谐的，生活是和煦的，然而却忽略了这样一个基本事实，即竞争和对抗是普遍存在的，自然界中每天都在上演着捕食与反捕食的剧目。在人类社会中，我们时时面临竞争的考验，心不在焉、掉以轻心，就会被生活狠狠教训。养尊处优只是少数人的专利，对大多数人而言，无论是否愿意，我们都要与命运对抗和搏击，所以绝不能对生命中的"马蝇"视而不见。

06. 犬獒效应：狭路相逢勇者胜

藏獒是产自青藏高原的一种野性十足的猛犬，藏民们用它们放牧和看家，把它们当成了生活中不可或缺的帮手。然而由于牧民长期过着颠沛流离的游牧生活，生存环境较为恶劣，藏獒必须能经受住极其严酷的考验才能成功活下来。一些藏獒因为自然选择的原因被淘汰了，活下来的藏獒还要经历更为严酷的人工选择。当它们长出牙齿能够撕咬东西时，主人就会把它们集中到一个食物和水源都匮乏的地方，让它们互相撕咬，这样弱小的藏獒都被淘汰了，剩下的都是凶猛强悍的藏獒。据说10只藏獒里只有1只能活下来。这种由残酷的竞争造就强者的现象就叫作"犬獒效应"。

犬獒效应告诉我们竞争就是造就强者最好的学校。没有人天生强大，强者的素质都是在不断超越竞争对手，不断超越自我的过程中磨炼出来的。与弱者相争，虽然能轻松获得胜利，但这种胜利不具有任何意义。我们只要超越最强悍的对手，才能在提升自身实力的情况下不断拓宽自己的生存空间。其实对手并不是我们真正的敌人，而是我们的教练和老师，没

有对手，我们会变得懈怠和无聊，是对手不断逼迫我们成为更优秀的自己。所以从某种意义上说，我们要感谢自己的对手。

有一位动物学家在研究非洲奥兰治河东西两岸的羚羊时，发现尽管它们的生存环境并没有什么差异，它们的属类也没有什么不同，但东岸的羚羊明显比西岸的羚羊更强健，前者奔跑起来的速度比后者每分钟快13米，繁殖能力也大大强于后者，这是为什么呢？动物学家百思不得其解，于是就从两岸各捉了10只羚羊做实验。

他把20只羚羊分别送往对岸。一年之后，发现被运到东岸的10只羚羊繁殖到了14只，而被运到西岸的羚羊只有3只存活了下来，另外7只都被狼吃掉了。原来被运送到东岸的10只羚羊之所以如此强健，是因为它们原来生活在狼群出没的西岸，在天敌的威胁下，它们被训练出了一流的奔跑速度，并拥有了强大的繁殖能力。而被运送到西岸的10只羚羊以前生活在东岸，由于没有天敌，所以普遍比较孱弱，一旦被送到了狼群环伺的地方，就没有招架之力了，所以大多成为了猎食者的美餐。

在非洲大草原上，还流传着另外一个故事。据说非洲的一个商人，想要把本地的鱼类卖到世界各地去，但是在运输过程中出现了一个难题，许多鱼在刚装进船箱时还都是欢蹦乱跳的，但时间一长，鱼儿们就都变得无精打采了，没过多久，大批的鱼都死去了。运送到目的地时，商人损失了大半的鱼，他不明白它们为什么会莫名死亡，他几乎每天给它们换水，氧气和鱼食也都很充足，难道是它们忽然得了什么怪病吗？

商人一直找不到答案，最后一位老者告诉他将鱼的天敌放进水箱里就能解决问题。商人不明白老者的用意，但还是照做了。结果鱼儿被运送到目的地时大部分都活了下来。原来鱼儿为躲避天敌的追杀，被迫拼命游动，因此保持了活力，是索命的天敌让它们在漫长的运输途中存活了下来。

生命在竞争中进化，在进化中超越，对手的存在，就是我们不断超越、不断进步的动力。对手可以是和我们同处一个平台的竞争者，也可以是前人、老师和朋友，超越他们，我们将给自己的生命带来新的变革。世间所有的发明创造、所有新理念新成果都是在超越前人的基础上诞生的，超越前人，就意味着创造历史。超越老师，青出于蓝而胜于蓝，就意味着长江后浪推前浪，能更好地推动时代向前发展，超越竞争对手和朋友，就意味着我们在公平的较量中取得了跨越性的进步。总之，竞争不断接受挑战，成为真正的强者。

弱者要找的是没有威胁的安乐窝，强者要找的却是对手云集的竞技场。因为他们清楚，竞争的压力，将鞭策自己不断提升和超越自我，如果没有了对手，自己就会苟且偷安，丧失斗志和进取心。所以可以毫不夸张地说，人生最大的危机不是对手太多，而是没有对手。不要害怕强者与自己相争，拥有强大的对手不是什么坏事，而是一件幸事。

07. 最后通牒效应：有压力才有动力

你是否会遇到下面的情景：老师在周一给大家布置了作业要写一篇作文，要求在周五之前交上来，同时还强调最好能提早完成，那么周二到周四你几乎很难安下心来把作文写完交上去，总会赶在周四晚上或周五早些时候才匆匆忙忙去赶作文。并且在看似无所事事的前3天时间里，你的内心一直备受煎熬——每天你都在告诉自己：该行动了，时间不多了！可是，你就是无法进入状态，同时又不断谴责自己没有效率，始终被负罪感包围着。而如果老师当时要求周三之前交上来，那你也会在周三放学之前抽时间把作文写完交上，这便是心理学上的"最后通牒效应"，即指对于不需要马上完成的任务，人们往往都是在最后期限即将到来之时才努力完

成。这种心理效应反映了人类心理的某种拖拉倾向，即人们在从事一些活动时，总觉得预备不足，感到能拖就拖，在不能再拖的情况下，例如已经到了规定的时间，人们基本上才能够完成任务。

在生活中，很多人会运用"最后通牒效应"来督促自己提升工作效率，尽快完成任务。的确，人的潜力都是无限的，而这种巨大的潜力就要靠压力来激发。科学家说，人在巨大的压力下，身体中会分泌出大量的肾上腺素，可以激发人无尽的潜能，可以促使人跑得更快，跳得更高，力量也会更强，从而做出惊人的壮举。当人处于顺境或宽松的情况下，是不可能突然爆发出这种惊人的潜能与做出惊人的成就的。所以，我们平时的很多成绩都是在压力作用下产生的结果。

李萍在一家著名杂志社工作，两年多来，工作还算是舒心，但是最让人焦心的就是每周的写作任务，必须要在一周内交出一定数量的稿子来，这确实给她带来了巨大的精神压力。但是，后来她发现，这种压力竟然成了自己工作的动力。

在很多情况下，她自己觉得：在规定的时间内创作的效率在比自由散漫的情况下创作的效率要高得多。比如说，她本打算要用3天时间去完成一篇文章，在这期间，她可能会去查资料，搞写作，很是繁忙，但是最终写出来的也不一定能获得主编的认可。如果领导规定她必须要在1天时间内保质保量将文章交上去，否则将会被解雇。在这种情况下，压力尽管是巨大的，但她也能够写出一篇精品论文来，也无须去找资料，在极短的时间内反而能够激发出她的灵感来。

很多时候，在"绝境"之中，效率反而要比以前高很多。领导对她的要求高了，她的写作水平也自然提高了许多，先前的压力自然也就不存在了。

时间的紧迫原本给李萍带来了巨大的精神压力，但是，这种压力在她内心引起了波动，能够调集她脑海中所有的思想甚至潜意识去完成工作任务，在这样的情况下，她的写作能力当然是要提高的了。在工作中，我们要想使自己变得更为优秀，就要懂得运用"最后通牒效应"，即给自己设定"最后期限"，迫使自己去达成目标，一段时间后，你将会发现一个全新的自己。

其实，人都是有潜能的，只是在平常的情况下发挥不出来而已，如果你能利用工作中的时间压力将自己的潜能激发出来，那么，压力就会成为你工作中的动力。所以，当我们在生活或工作中因为压力而产生焦虑或痛苦的情绪时，一定要及时地更新观念，不要将压力仅仅看成是我们的仇人，而要将之看成是激发我们个人潜能的"恩人"，那么，压力就会迅速转化为你挑战自我的动力，最终让你以更为积极的心态去应对工作，最终做出惊人的壮举。

要知道，一个真正勇敢的人，是会将压力看成练就自身意志的机会的，生活给我们的压力越大，就越能够激发出自身的潜能，练就自己的意志、品格、力量与决心，最终成为一个更为卓越的人。

08. 约拿情结：畏惧成功，不敢放手一搏

人们害怕失败是人之常情，但是面对成功却落荒而逃就让人难以理解了。难道还有人会害怕成功？乍听起来，似乎觉得这种说法很荒谬，但美国心理学家马斯洛认为："人不仅害怕失败，也害怕成功。"人们向往在最完美的时刻获得圆满成功，但当那一刻真正来临时，又会产生退缩畏惧心理，这种现象就叫作"约拿情结"。

约拿情结反映的是一种无比微妙复杂的心理，人们迫切地渴望成功，但面对成功时又感到无限迷茫，觉得自己不够优秀，配不上即将享有的殊

荣，因此逃避发掘自己的潜力，宁愿退守在一个较为安全的范围内。约拿情结源自对成长的恐惧，我们既害怕陷于低谷，又害怕自己走向巅峰。在畏惧自己成功的同时又害怕别人成功，对于成功者既羡慕崇敬，又表现出一丝嫉妒和敌意，这是人类普遍存在的一种心理障碍。

马斯洛在课堂上，曾经问过心理学专业的研究生："你们谁希望自己能创作出美国有史以来最伟大的小说？""谁想成为一个圣人？""谁渴望成为伟大的领导者？"面对这些问题，学生普遍感到不安。有的红着脸一言不发，有的紧张地挪动着身体。马斯洛又问："你们有没有悄悄计划写一本震惊世界的心理学著作？"学生们没有做出正面回答，而是支支吾吾地搪塞了过去。马斯洛接着问："你们难道不想成为优秀的心理学家吗？"有位学生回答："当然想。"马斯洛说："你想成为一位沉默不语、谨慎胆小的心理学家吗？那样的话，你并不能实现自己的理想。"

这些学生之所以有这样的反应，显然是约拿情结在作怪。这种情形在日常生活中也是很常见的。比如一个聪明的年轻人得到了千载难逢的好机会，只要经过一段时间深造，就有可能少年得志、飞黄腾达，可是面对唾手可得的荣誉，他犹豫了、退却了，最终竟然选择了离职。其实这主要是一些消极念头导致的。如果一个人不够自信，又极度缺乏安全感，在机会降临时，就会深陷约拿情结无法自拔。他可能觉得自己配不上鲜花与掌声，也可能担心自己被别人拆穿，还有可能对成功本身存在着很多疑惑，因为成功本身就能引起人的许多复杂的感受。

杰克·伦敦是一名极富传奇色彩的伟大作家，他一生命运多舛，历尽艰难坎坷，在功成名就之前，一直保持着昂扬的精神状态，因为冥冥之中总有一股力量推动着他向前迈进，那就是对成功的渴望，可是成功以后，他的生命却迅速腐朽，导致他对生活失去了热情，最终绝望自杀。他的生与死至今让世人争论不休。

杰克·伦敦的童年是十分阴暗的，他是一名私生子，从小就没有享受

第六章
什么在激发你不断向前

过家庭温暖，母亲下嫁给了一个已经育有11个孩子的约翰·伦敦，所以他在家中的地位是比较尴尬的。由于家境贫困，11岁那年，他就被迫外出谋生。他做过很多辛苦的工作，报酬少得可怜，由于不甘心永远贫穷，他冒险参与了偷袭私人牡蛎场的行动，因此而被罚做苦工。后来他成为了一名水手，长年在海上漂泊，对平民的苦难有了更深刻的认识。航行归来后，他已是年满18岁了，不久便加入了一个叫作"基林军"的失业组织，该组织被政府取缔后，他不得不浪迹街头，期间频繁地出入警察局和监狱。

长期颠沛流离的困苦生活并没有使杰克·伦敦放弃理想，他渴望拥有非凡的人生，不甘心永远在社会底层挣扎。他以顽强的毅力坚持自学，20岁时终于考上了加州大学。如果交得起学费，他有可能成为一名前途无量的青年。可惜生活并没有给他一线阳光，囊中羞涩的他不得不辍学到荒远的阿拉斯加淘金。踏上那片蛮荒之地以后，他受尽磨难，还险些丢了性命，然而并没有获得财富。

杰克·伦敦后来走上了写作的道路，丰富的人生阅历和广博的见闻为他提供了鲜活的创作素材，他的作品一经出版就引起了巨大的轰动。成为知名作家以后，杰克·伦敦迷失了，他自认为已经走到了人生的巅峰，世上没有什么再值得他追求了，为此他感到无比空虚，渐渐地陷入了纸醉金迷的烂俗生活里，最后又以死亡结束了自己的精神痛苦。

人们深受约拿情结影响，有时是因为对成功抱有消极的看法。比如杰克·伦敦，认为成功会让人陷入无尽的空虚之中。其实成功并不像人们想象得那么光辉夺目，也不像人们想象得那么可怕，我们只有亲身体验，才能知道个中滋味。在成功面前，不要胆怯不要畏惧，勇敢地走过去，让自己的人生翻开崭新的一页，让自己的生命因此而变得不同。

我们受约拿情结所困，是因为面对成功，没有办法平衡内心的压力，既担心自己表现得不够完美，又害怕光环加身会无所适从。这是一种看似不合情理但却十分正常的心理现象。我们要正确地看待这件事情，并努力地克服自己的约拿情结，千万不要因为畏手畏脚而错失了人生的重大机遇。

09. 鲁尼恩定律：赢家未必跑得快

观看体育赛事时，尤其是紧张刺激的短跑比赛，你会发现最后的胜利者往往是最先跑在前面的人，如果谁能在比赛之初就遥遥领先，把所有的竞争对手都远远甩在后面，谁就能成为最后的赢家。马拉松比赛则不同了，冠军往往是最有耐力的人而不是抢先领跑的人。最初领先的选手可能取不上名次，而笑到最后的人总是出乎人们的意料。这种现象就被称为"鲁尼恩定律"。

鲁尼恩定律是由奥地利经济学家 R·H·鲁尼恩提出来的，它描述的是这样一种现象：赛跑时跑得快的未必就能成为赢家，体质弱的在打架时也未必就会输，最初谁占优势并不重要，笑到最后的才是赢家。拿破仑戎马一生，征战无数，打赢了一场又一场战争，然而最终兵败滑铁卢，再也没能东山再起。项羽身经百战，在战场上取得了无数次大捷，但垓下一役失败了，最后竟落了个乌江自刎的下场。鲁尼恩定律告诉我们，最初的胜利其实不过是比赛前的热身，最后的胜利才算终场。因此，我们要用长远的眼光看待问题，暂时跑在前面不可骄傲自满，因为第一名也有可能被后来者赶超，在接下来的比赛中落后；暂时落后于竞争对手不要灰心气馁，人生不是百米冲刺，而是一场漫长的马拉松，你随时都有机会翻盘。

当汽车还是奢侈品时，亨利·福特便下定决心制造出能为大众普遍享有的代步工具，经过不懈的努力和多年的精心研究，他终于实现了自己的目标，造出了一种结实耐用、物美价廉的新款汽车，售价仅为825美元，

第六章
什么在激发你不断向前

连收入一般的工人都买得起。新款汽车一经推出,就引起了人们的疯狂抢购,在短短一年时间里,福特汽车公司就卖出了一万多辆汽车。

后来,福特公司在保证汽车基本性能的前提下,不断压缩制造成本,价格一降再降,凭借着价格优势,福特汽车迅速占领了市场。1920年,美国经济出现衰退,人们的购买力下降,福特汽车就成了一种最实惠的选择,销售情况依旧不错。它的竞争对手通用汽车,因为没有办法削减成本,销量直线下滑。一年之后,福特汽车的市场份额已经达到了55%,而通用汽车的市场份额仅有11%。

通用汽车公司总裁斯隆经过分析,得出了这样一个结论:通用汽车不可能把制造成本降低到福特汽车的水平,所以不能通过打价格战取胜。福特公司长期以来只生产一种类别的汽车,这曾是公司的优势,不过现在束缚了公司的发展,消费者的需求是不同的,公司必须制造出多样化的产品才能赢得大众的青睐。于是通用汽车公司便根据人们的经济状况,生产出了不同档次不同价位的汽车。汽车的销售额迅速飙升,到了1927年,通用汽车越来越受欢迎,福特汽车则受到了巨大的冲击,亨利·福特被迫关闭了传统的T型车装配线,产品也开始朝多样化方向发展。到了1940年,福特汽车的市场份额只剩下16%,而它的对手通用汽车的市场份额却提升到了45%。亨利·福特经过战略调整,才使得福特汽车公司在艰难的处境中生存了下来。两大汽车公司的较量,最终以通用汽车公司的完胜告终。

福特汽车和通用汽车的商业竞争告诉我们,在人生的道路上,我们要做好打持久战的准备,一时的成绩并不能决定什么,一个人要想有更大的成就,就必须不断追求,勇于超越,还要有超出常人的耐力和耐心,这样才能成为最后的赢家。世界上最成功的推销员乔·吉拉德说过:"笑到最后才算笑得最好。"是的,在临近终点时,胜负是很难预料的,所以我们绝不能因为暂时领先就让自己中场休息,也绝不能因为暂时失利而放弃比赛,而要记住:不到最后一刻,一切都还是未知数。跑得快未必会赢,跑

得久坚持到最后才能成为最终的胜利者。

　　人生漫漫，昔日的辉煌终会被岁月洗淡，往日的屈辱也会成为过眼云烟，最初的记录并没有我们想象中那么重要，最先大笑的人未必能笑到最后。明白这一点，我们就要做到胜不骄败不馁，以归零的心态面对每一天。

第七章

什么塑造了你的性格

　　老子说:"知人者智,自知者明。"说的是一个人了解别人并非难事,而了解自己却是件不容易的事。当然了,一个人要了解自己,最重要的就是要了解自己的性格。要知道,人生的成功与失败、幸福与苦难等,都与性格息息相关。正如英国哲人查尔斯所说的那样,种下一种思想收获一种行为,播下一种行为收获一种习惯,播下一种习惯收获一种性格,播下一种性格收获一种命运。一个人的命运,多数情况下都是由性格决定的。而我们的性格又是如何形成的呢?本章从心理学的角度出发,给出了答案,并且阐述了性格是如何决定命运的,我们该如何改正性格中的缺陷部分,成为一个完美且有成就的人。

谁在掌控你的人生：
不可不知的100个心理学常识

01. 性格：决定个人命运的关键

关于性格与命运两者之间的关系，古今中外的名人都有过各自的表述，如《荀子》一书中便提到"积行成习，积习成性，积性成命"。而英国的著名哲学家、文学家培根，也在其著作《习惯论》一文中明确指出："思想决定行为，行为决定习惯，习惯决定性格，性格决定命运"。这两位哲学家身处的时代相差了近2000年，但他们不仅对性格的形成有着高度一致的认识，也都认为性格对一个人命运发挥着决定性的作用。那么，性格真的可以决定一个人的前程或命运吗？

关于这一问题，或许那些成功人士的说法更具代表性。

J.P. 摩根是美国20世纪初最为杰出的金融家和银行家，也是世界十大财团之一的摩根财团的真正奠基人。在毕业后的短短50多年间，J.P. 摩根利用自己高超的商业智慧和经济头脑，从创办银行起家，巧妙借用美国南北战争的形势进行黄金投资，迅速壮大了自己的实力，随后更将自己的事业逐步扩张到全世界，就连英国政府都不得不向他求助，摩根因此享有"世界债主"之称。在这位有着"华尔街朱庇特"之称的金融巨头晚年之时，有一位采访记者询问摩根为何能够取得如此巨大的成就。摩根毫不掩饰地回答："性格"。当记者进一步追问资本与资金何者更为重要时，摩根再次强调："资本比资金重要，但最重要的是性格。"

无独有偶，在1998年的华盛顿大学名人讲座上，美国的大学生们有幸见到了有着"股神"之称的巴菲特和世界首富比尔·盖茨。当二人被问及为何能够拥有世界上如此巨大的财富时，巴菲特表示："这个问题非常简单，原因不在智商。为什么聪明人会做一些阻碍自己发挥全部工效的事情

第七章
什么塑造了你的性格

呢？原因在于习惯、性格和脾气。"比尔·盖茨则说："我认为沃伦关于习惯的话完全正确。"

这些业界精英们都一口认定，性格可以影响命运，我们也不得不正视他们的话。性格能够影响命运，是因为性格不同的人即使面对生活中的同一件事，也会做出不同的选择，因此导致最终所面临的形势和环境也迥异，命运的分歧就是这样产生的。

个人的成功离不开机遇，但因为性格的不同，并不是所有人都能把握时机。生性积极进取的人勇于决断，敢于冒着未知的风险去进行一场豪赌，所谓"富贵险中求"；而生性谨慎的人因为犹豫、迟钝，心中总有很多的顾忌，等他们好不容易做出判断，机会早已溜走。因此在生活中，他们更多的是扮演了事后后悔的角色。

在秦末的农民起义军中，项羽和刘邦是实力最为强大的两支。尽管他们在名义上都属于楚怀王麾下的将领，但都想率先攻入咸阳，奠定自己的霸业。后来，刘邦比项羽先一步攻进咸阳，项羽大怒之下决定讨伐刘邦。但在鸿门宴上，刘邦却通过一番伪饰之辞成功地欺骗了项羽，即使项羽麾下的谋士范增多次暗示，项羽仍然放掉了刘邦，错失了良机。

刘邦逃离鸿门宴之后果然没有放弃与项羽争雄的意图，并且暗中积蓄兵力，趁项羽平定诸王叛乱之时趁机挥兵关中，与项羽互相对峙。在鸿沟议和之后，刘邦再次撕毁盟约，联合诸王合围项羽。最终项羽因兵少粮绝而战败，最后自刎于乌江之畔。

优柔寡断的项羽本来拥有击溃刘邦大军的最佳机会，可他却轻轻放过；反观刘邦，每一次决定都是决绝果断，为自己创造了胜利的先决条件。这两人的一成一败正是性格不同命运迥异的最佳说明。

性格不同的人，在他人眼里的形象也不同。有的人生性直爽，说话之时虽然没有恶意，但也因为漠视他人的感受而触怒别人，反而使自己孤立；而那些性格委婉的人在与人打交道时却总是广受欢迎，这是因为他们

更懂得理解别人所致。

在工作中,性格激进的人更能够带动整体,但也容易由于不拘小节而出现差错,让人不能放心委托;而性格沉稳的人虽然没有多大的激情和感染力,但态度却十分严谨,因此更让人觉得可靠。这两种不同的态度在职场上各有所长,最终的职业生涯也就走向了不同的方向。

性格不同,命运也不相同。不论是违背自己的性格去勉强自己,还是逞性子去放纵自己,都是对自己人生的不负责。只有正视自己的性格,并且从自己的性格出发去规划自己的人生,才能迎来辉煌。

02. 那些关于性格的形成因素

荀子与培根都认为,人的性格是后天的思想和习惯养成。但这一观点内容实在有限,很难对性格的真正成因做出最全面合理的解释说明。

根据相关研究表明,性格的形成因素大致可以归结为三类:基因遗传因素、成长期发育因素和社会环境的影响因素。这三种因素通过不同的方面,对一个人的性格产生了巨大的影响。

(1) **基因遗传因素**。

基因遗传对于一个人的性格能起到多大的作用?这是很多人都心存疑惑的问题。针对这一问题,国外的科学家们对很多性格表现怪异的人,都做了大量研究。研究结果显示,基因遗传因素对性格的影响是十分显著的。

美国有一位女性公民生性勇敢,即使是犯罪分子拿枪抵着她的头,她也不会对劫匪产生丝毫的畏惧,被人戏称为"SM"。科学家们在对她进行了长达15年的研究后终于发现,她患有一种罕见的染色体隐性遗传病——

类脂蛋白沉积症，这一疾病使得她脑内本来负责产生恐惧的杏仁体一直处于"罢工"状态，因此她显得特别"勇敢"。

还有一项试验更为著名，出自荷兰著名的遗传学家汉·布鲁纳。在荷兰有一个极易"暴走"的家族，这个家族的诸多男性成员，常常因为一些别人眼里毫不起眼的小事，就做出一系列攻击性极强的行为。而经过研究分析表明，这一家族的男性体内都缺少一种编码"单胺氧化酶"的基因，正是这种基因的缺少使他们在生活中容易走向极端。

不仅是这些被研究者，日常生活中的每个人，其性格基因同样彼此有别。只是这种差别都属于正常范畴，因此我们才能既呈现出不同的风采，又表现得合乎世情，成为亮丽世界的一分子。

(2) 成长期发育因素。

在成长期的发育因素中，身体健康因素是十分重要的。很多人在降生之初或是成长过程中，都会因各种原因而出现身体或健康方面的问题。对此虽然不乏坦然面对之人，但也有一些人因为频遭打击，性格也随之出现变化。

史铁生是中国现代著名的作家、散文家，同时也是一位不良于行的残疾人士。史铁生的双腿是在知青上山下乡运动期间过于劳累所致，由于一开始没有意识到严重性，因此治疗被耽误。在他返回北京之初，由于病情已经严重到了需要他人双手搀扶才能行走，当时的他还曾暗暗发誓，"要么好，要么死，一定不再这样走出来。"但后面病情愈发严重，最终发展到下肢瘫痪。在遭遇巨变之前，史铁生也曾是一位意气风发的知识青年，但在患病后，瘫痪的折磨让他一度陷入绝望，甚至想要自杀。不仅如此，他还经常对身边的人大声发泄，随意砸毁家具，性情变得十分暴躁，这一点在他的短篇小说《秋天的怀念》中都有提及。不过令人宽慰的是，经过几年对人生的不断思考，史铁生终于走出了这一阴影，并且开始执笔进行文学创作，让自己的人生再次绽放了光芒。

除了身体健康，一个家庭的生活环境也会给人的性格带来巨大影响。在日常生活当中，几乎我们每个人都曾见到过那些因家境不好而性格内向、在交往之中沉默寡言、目光躲闪、流露出自卑情绪的人，这种情景总是令人分外唏嘘。

(3) **社会环境因素**。

进入社会之后，很多人都会因情感和事业等方面的挫败，或是生活环境和条件的变化，对原有的思想观念产生极大冲击，为人处世的想法也会出现改变。在这样的情景下，一个人的性格也会呈现出与之前不同的表现。

社会中有很多人，在初入职场的时候，对所有同事都充满热情和信任，心中一片坦诚。可久而久之，在经历了职场上的钩心斗角之后，便开始变得小心谨慎、瞻前顾后，甚至对所有人都过度怀疑；还有一些人原本勤俭善良，对身边亲友都十分和善，却在富裕之后变得倨傲而刻薄，令人难以亲近。当然也有一些人，原本心性保守内敛，不喜交际，但在周围人的热情鼓舞之下，变得开朗而乐观，融入了和谐的集体之中。这些都是环境改变个人的最佳说明。

不论我们每个人生命中的故事有多么不同，我们都不能因此漠视自己的性格。唯有正视这些因素对自己性格的影响，正确看待自己的性格优劣，才能以更好的态度投入生活，为我们的人生增添更多精彩。

03. 穿合脚的鞋子，才能健步如飞

成功的人生是从认识自己和剖析自己开始的！当然要真正地认识自己，最主要的就是要认清自己的性格。

现实中，多数人都有这样的体验：有时候自己很沉静，有时候又很是急躁；有时候会很刚强，有时候又很软弱；有时候很宽容，有时候又很刻薄……以至于辨不清楚自己究竟有着怎样的性格。其实，性格是个极为复杂的系统，形成这个系统的种种因素都有不同的排列方式和组合方式，以至于很多人都不了解自己真正的性格特点是什么。

大作家雨果曾经很坦率地承认自己的性格是极为复杂和矛盾的。他在致一位朋友的信中曾真实地描述了自己的性格。他这样说道：据我所知，我的性格很是特别。我观察自己，如同观察他人一样。我的性格中包含一切可能有的分歧和矛盾。有时候我浪漫、重情，有时候又风流、轻浮；有时候我刚毅、坚强，有时候却又疏忽、懈怠；有时候我表现得很善谈，细心周到，有时候我又会欠礼数，无礼貌……人的性格就是如此复杂，在现实生活中，很难找到性格等各个方面都优良的人，也很难找到一个整体性格都一无是处的人。一个刚强的人，有时候在困难面前也可能会弱软、怯懦；一个性格偏激的人，也可能富有同情心，很勤奋，很刻苦。我们要想认清自己的性格，应该从整体上去把握，既要知道自己性格的优良之处，同时也应该清楚自己有哪些不良之处，只有这样，才算真正、全面地把握自己的性格。

性格是一个复杂、动态的混合体，它的形成受各种因素的影响，比如遗传、成长环境、个人成功经验等等。但是，"万变不离其宗"，你平时最

为恒定和一贯的态度和行为方式,就是你性格的主要特征。

一种性格决定一种出路,你的性格也决定了你该干什么,从事什么样的行业。所以,要想迈出成功的第一步,就要深入地了解自己,深刻地剖析自己的性格特点,然后,选择适合自己的行业、职业,这样更容易成功。否则,你会在你的人生生涯中步履维艰。

高明生性内向、腼腆,毕业后因为看到周围的很多同学都去做销售工作,并且取得了不错的成绩,所以,也开始做起了销售。因为他不善于与人沟通,又没有团队合作意识,两个月也没能拿下一个订单,为此他痛苦至极,就辞了职。

离开公司后,又开始着手找第二份工作,然而,他是个不轻易服输的人,为了挑战自己的个人能力与性格,决定到一家大型化妆品公司从事产品代理工作。

一位朋友知道他的职业意向之后,就劝他放弃这样的努力,但是没能成功。在工作的后期,他每天出门之前,内心都会剧烈地挣扎,他内心根本不愿意出门去面对那些客户,他觉得在公众场合与人交流是一件痛苦的事情。经过一番思想斗争之后,他就决定放弃了。

有一天,他问朋友说:"当初你怎么知道我最终会放弃这样的工作?"

朋友说道:"你的性格比较内向,根本不适合这类工作。"

选择与自身性格不相匹配的职位,不仅不容易做出成绩,也会给你带来更多的焦急、痛苦和紧张。其实,一个人的性格好比是脚,职业就是鞋。合脚的鞋子能够使你走起路来轻松自如,健步如飞;而不合脚的鞋子再漂亮也会夹脚。更为可怕的是,它不仅会使你走起路来很别扭、难受,甚至还会磨破你的脚。穿着不合脚的鞋子,你可能就会与成功失之交臂,甚至在人生的跑道上与冠军擦肩而过。

如果你能够准确地认清自己的性格,并明确在哪种环境下工作,才更舒服,更能发挥自己的潜能,然后选择最适合自己的工作或岗位,那么,

第七章
什么塑造了你的性格

你一定能够运用你自身的性格优势,取得成就。

李翔是一家公司市场部的销售员,他性格随和,善交际,工作努力。在这样的岗位上,可谓如鱼得水,2个月后,因为表现良好,就被提拔为公司的销售主管。他的工作重点从原来的与客户交流、沟通,变为区域性的调查数据分析、市场调查和广告营销策划等工作。同事和朋友都极为羡慕李翔的新职位,起码他再也不用每天辛苦地外出拜访客户了,更不用每天痛苦地应付各种酒局、饭局了。而李翔自己却十分痛苦,他觉得自己的工作太为枯燥,他宁愿每天冒着烈日去拜访客户,宁愿每天出去应酬。

如果你是上述事例中的李翔,当你的性格与职业相冲突时,是选择改变性格还是改变职业呢?生活中,很多人都会从自身利益出发,选择去改变自己的性格,做出"削足适履"的蠢事。

"江山易改,本性难移",一个人的性格是极难改变的,而换个职业却是极容易的,既然行行都能出状元,何必要花费极大的代价去做"本末倒置"的傻事呢?适合自己的就是最好的,这是生活中极为简单的道理,可有人却要花上几年甚至几十年的代价才能领悟。

一个人的职位与他自身的性格相符合,再枯燥、痛苦的工作也会变得丰富多彩,趣味无穷,也能最大限度地激发他的工作激情与工作潜能。反之,一个人的性格与职业不相符,那么,这个人只会每天被动接受,疲于应付。可以说,一个人所从事的工作是否与其性格相符合,直接关系到其人生事业的成败。

一种性格决定一种人生出路,你的性格也决定了你该从事哪类行业。从现在开始,认清自己并给自己一个正确的行业、职位选择,它是你向成功迈出的第一步。

04. 巴纳姆效应：知人易知己难

心理学研究显示，人们很容易轻信一种模糊、笼统而又抽象的人格描述，误以为这种一般性的表述真实地反映了自己的性格特质，甚至会暗自进行对号入座。这种现象就做做巴纳姆效应。

巴纳姆效应又叫福勒效应，是心理学家伯特伦·福勒经过试验证实的一种普遍存在的心理现象，它是因著名杂技师肖曼·巴纳姆而得名的。肖曼·巴纳姆认为自己的表演之所以符合大众的口味，是因为每个人都能从节目中看到自己喜欢的部分。这样他才能让表演产生魔力，使得"每分钟都有人上当受骗"。伯特伦·福勒验证了他的观点，他用一种含糊不清的空泛但又易于被接受的形容词描述一个人时，对方会固执地认为这些描述说的就是自己。其实心理学家的描述只是一顶无论戴在谁的头上都可能合适的帽子，它并不具备针对性，人们只是一厢情愿地相信它针对的仅仅是自己，而不是随便什么人罢了。

巴纳姆效应在生活中是普遍存在的，比如有人相信塔罗牌可以预言自己的未来，因为他们认为占卜者的讲述非常可信。而事实上，占卜者在解牌之前，已经通过各种微妙的细节掌握了别人的心理感受，通过分析和揣摩，自然能做出一些含糊其辞且具有普遍意义的解说，这个过程并没有什么神秘的。

如果你不相信这个结论，可以让别人随便说几句话概括和描述自己，他有可能会说："你很在乎别人的看法，希望得到人们的尊重和肯定。你有很多优点，只可惜能力没有完全发挥出来，目前还没有找到一个更适合自己的平台。当然你也有一些缺点，不过你正在努力克服它们，以便更好

第七章
什么塑造了你的性格

地完善自己。你表面上看起来像无风的海面一样平静,内心却经常起波澜,有时简直是波涛汹涌。你有很多还没有实现的想法,所以有人说你的抱负不切实际……"听到这番话以后,你是否觉得他所说的百分百符合自己的情况呢?可事实上这些描述可以用在任何人身上,这套语言并不是为你量身打造的。虽然这些陈述在一定程度上与你的某些特征吻合,但并不能揭示你是一个这样的人。

法国研究人员曾经做过一项试验,他们把一份犯罪分子的生日资料寄给了号称能利用高科技手段得出精准星座报告的公司,请其对这个人进行分析。过了3天,这家公司把分析报告交给了研究人员,其内容如下:"这个人具有良好的适应能力,而且可塑性比较强。他很有魅力,言谈举止非常得体,在社交圈很受尊重。他头脑聪慧,道德感很强,将来生活一定非常富足,必定能跻身中产阶级。"此外,公司还预测这名罪犯在1970—1972年会对感情做出重大承诺,但事实是,这名罪犯因为犯下了连环命案,已于1946年就被执行死刑了。

巴纳姆效应其实完全可以通过概率学来解释,任何一种推测都有一半的概率和事实相吻合,同时也有一半的概率和事实完全相反。喜欢动物、富有爱心、热爱和平是一个非常大众化的描述,它在大多数情况下是奏效的,但用它来描述希特勒显然是不合适的。这说明空泛性的表述和推断是非常不科学的,那么我们为什么会被搞得晕头转向呢?究其原因,主要是"主观验证"在起作用。

假如我们想要相信一件事是真实的,就会想方设法地搜寻各种证据证实自己的观点,使所有的证据表面看起来都符合最初的设想,在这种情形下,巴纳姆效应就能发挥它的神奇作用了。与其说是别人的暗示把我们搞糊涂了,还不如说我们对自己缺乏深入客观的了解,要想摆脱巴纳姆效应的影响,必须从客观地认识自己开始。

巴纳姆效应反映了我们自我认识的缺失,如果我们想更好地认识自

己，就必须勇于面对真实的自己，不要试图隐藏任何信息。还可以通过过往的成长经历，了解和解析自己的人格；另外一个了解自我的途径就是以人为镜，通过朋友、家人、同事的印象构建自己的形象，然后与自己心目中的自我形象做对比，通过比较更为深刻地了解自己。

05. 勇于正视性格缺陷

每个人的性格都是一个复杂的综合体，比如一个性格沉稳的人，在遇到重大事件的时候，也会急躁，一个性格敏感的人，他也具有谨慎的性格。而且同一种性格在不同的环境中，所产生的效果也是不同的。比如说，一个敢于冒险的人，在创业初期往往能够抓住别人无法攫取的机会，但是到创业中期，却会因为过于冒险而深陷泥潭之中不能自拔。所以，在不同的人生奋斗阶段，或者在面对不同的环境时，我们都冷静分析，要敢于撕开自身性格中的某些缺陷，并且正视它，这样才能让自己少走些弯路。否则，你可能会因为性格中的某些缺陷，而一败涂地。

史玉柱可谓是20世纪90年代中国商界叱咤风云的人物，他在创业初期的成功主要源于他是敢于冒险的性格。

1991年，他与别人合资成立了巨人新技术公司，1992年的时候，他又将公司迁入了珠海，成立了巨人高科技集团公司，注册资金达到了1.19亿元。

在1年内就成为百万富翁的史玉柱，两年之后就成为千万富翁，3年后又成为亿万富翁。因为他大胆，敢于冒险，巨人集团在他的领导下创造了年增长30%的经济奇迹，资产总额极快地飙升到10亿元。在1994年的时候，史玉柱当选为"中国十大改革风云人物"。

第七章
什么塑造了你的性格

从此之后,史玉柱又做出了一个大胆的决定,他决意在美丽的珠海盖一栋自己的大厦来。可是,在与总理握手之后,他内心对成功的极度狂热,他敢于冒险的性格这一次却将他推入了万丈深渊。他将原本18层的房子突然拔高到70层,这座涉及资金12亿的巨人大厦,未向银行申请贷款,全凭自有资金和卖楼的钱来支持,巨人集团因此受到了重创,成为一个名存实亡的空壳企业!因为资金周转不灵,恶债缠身,并以此为导火索,企业从此一蹶不振。

史玉柱是商界少有的奇才,在创业初期,他的冒险精神成就了他的大业,但是同时也为他以后的人生埋下了伏笔。他的成功与失败告诉我们,人在不同的时期,在不同的环境下,只有冷静地分析和认清自己性格中的劣势,并且敢于正视它,才能少走弯路。

每个人的性格都是有缺陷的,这个世界上,十全十美的人并不存在。很多人在面对自己的性格缺陷时,总是想方设法去掩盖,生怕受到别人的羞辱或者笑话。殊不知,这样是虚伪的表现,最终只能害人害己!

已经是凌晨两点多钟了,刘海房间的灯依旧亮着,她正坐在书房里忙碌着复习,神色有些憔悴。这种状态已经持续了2个月了,在这段时间里,她的脑子里总重复着:学习,考试。之所以如此紧张,勤奋,主要是因为他的成人英语资格证已经考了4次都没有通过,这个月要考第5次了。

其实,刘海做的是人力资源工作,平时工作表现也很出色,工作中根本用不到英语,但是,因为大学的时候没有通过英语等级考试,所以,一直很不甘心。于是,他毕业之后就与这个成人英语等级资格证书叫上了板,不考过绝不罢休。

刘海从小就受到极好的教育,平时做事也极为认真,责任心强,在他目前的岗位上做得得心应手。然而,他从小就惧怕考试,平时学习挺好,但一到考试就落后。尽管惧怕考试,但他还是不想让人生留下什么遗憾。但是,每次临考的夜里,他总是会胡思乱想,而且想着想着就睡不着了,结果第二天就真的考砸了。几年下来，他仍旧没能拿到那个资格证书。如今，为了这个考试，他每晚都强迫自己去认真学习，因为太过紧张而产生了莫名的焦虑感，他几乎每晚都会失眠，这已经严重影响到了他白天的工作，因为工作总出错，时不时会受到上司的批评。

朋友说他太过固执，而刘海却始终认为自己的性格是完美的，他考英语证书也是为了让自己变得更完美一些。要知道，掩盖自己的性格缺陷，不仅会置自己于痛苦之中，而且还会影响个人事业的发展。所以，在奋斗的过程中，我们一定要学会正视自己，综合分析自身性格，并认识其中的某些缺陷，这样才能使你的生活走上坦途，使你的成功之路走得更为顺畅。

具体来说，你可以这样做：

(1) 对自己的性格进行全面的剖析，正确地评估自己。你可以尝试着将你的性格写在一张纸上面，然后进行客观的分析。看在不同的阶段，在不同的环境中，你的这些性格能给你带来什么样的发展，在前进过程中，有意地避免，这样才能使你走向最终的成功。

(2) 严格要求自己。自己的性格存在哪方面缺陷，必须要认认真真地做出正面解决。比如，一个性格内向，不善言谈的工程师，经过几年的奋斗成了部门项目经理，要带领一个团队，他认识到自己的缺陷就是害怕在大庭广众之中讲话，于是，他就制订了详细的解决途径，就是尽可能地找机会在大众面前多讲话。有了这样的行动之后，你就可以在奋斗的过程中，不断超越自己，在自己的岗位上如鱼得水了。

06. 敢于展示自己的性格缺陷

生活中，还有一种人总是失败，是因为喜欢自我蒙蔽。他们有一个性格缺点，那就是虚荣，为了能给别人留下"完美"的形象，总是不愿意向他人袒露自己最真实的一面，总是沉溺于白日梦和自我欺骗中无法自拔，这样终会导致一个人的性格畸形发展。喜欢自我蒙蔽的人，既不能使自己的性格更为完美，也无助于自己在生活中谋取成功。只有敢于袒露自己性格缺陷的人，才能不断超越自己，走向最终的成功。

一位著名的电影演员，因为家庭变故，与妻子闹离婚而心烦意乱，脾气变得异常的暴躁，他已经无法再静下心来好好地展现他的表演才能了。

有一次，他观看了自己拍摄的电影之后，发现自己在影片中的表演极其做作不真实，而且表情还异常地僵硬。于是，他沮丧至极，认为自己不会再受到观众的喜爱了，甚至一度想退出影坛，另谋出路。

后来，在朋友的劝说下，他接受出席了一次新闻记者招待会，将自己不能成功表演的原因公之于众，认为因为家庭的变故，使自己的脾气变得极为暴躁，并将自己愚蠢的行为和性格缺点公之于众。在场所有的记者和影迷都被他的真诚和坦率所感动，都给予了他极大的鼓励。他也因此彻底摆脱了忧郁和烦闷，开始静下心来反思自己。

经过一段时间的修整，他的事业又登上了一个高峰。可以想象，一个习惯于自我蒙蔽的人，是不会在公开场合承认自己缺点的，所以也极难体会到被社会所接受的宽慰。

一个人只有学会真实地袒露自己性格的缺陷，才能真正平静地正视自己、超越自己，使自己达到人生的一个高峰。要知道，每个人都不是一台

设计完美的机器,都有缺点和弱点,这是极为自然的事情,不必刻意地去遮盖或者躲避。

有一次,记者问足球明星马拉多纳:"几乎没见你哭过,难道你从来不会难过得想掉眼泪吗?"

马拉多纳说:"是的,每个人都可能会遇到难过甚至痛苦的事,我也一样,但是我从不会掉眼泪,我认为那是一种软弱的表现。"

记者却这样说道:"掉眼泪是一种释放,并不是软弱的表现。在难过的时候,你不妨也掉掉眼泪,这样才能让球迷认识一个更为真实的,有喜怒哀乐,而且感情丰富的男子汉。"

生活中,很多人都有如马拉多纳那样的想法,认为不暴露自己的缺点就能赢得他人的尊重,殊不知,你所隐藏的内心世界,正是他人所希望的。认识到自身的性格弱点之后,并加以改正和克服,会加倍地受到人们的尊重。就如金庸所说:"唯大英雄大丈夫才能够显示英雄本色。"其实,所谓的本色主要是向人们真实地表露你的为人、性格,而不是去极力地掩饰,伪装,这样只会让你变得更糟糕,只会使你面对更多的挫折和磨难。

其实,每个人都有其性格弱点,即使是你崇拜的人物,他们也不是完美的人。大人物尚且如此,我们又何必去回避自己的弱点,进行自我欺骗,自我蒙蔽呢?

只有敢于正视自我,敢于袒露自我性格缺陷的人,才能够不断地修正自我,超越自我,最终走向成功。

07. 改掉好逸恶劳的性格

哈佛大学心理学教授斯特伯格·詹姆斯认为，多数人没有将自己既定的目标坚持下去，主要与其性格有关。他认为，习惯推迟满足感的人才更容易成功。何谓"推迟满足感"？心理学家通过一个事例来说明：

35岁的露丝是一家律师事务所的顾问，有一天，她走进心理咨询室想纠正他在最近几个月里总是拖延工作的恶习。

心理医生问了她一些常规的问题之后，问她："你是否喜欢吃蛋糕呢？"

她不假思索地回答道："喜欢！"

"你更喜欢吃蛋糕，"心理咨询师接着问，"还是蛋糕上涂抹的奶油？"

她兴奋地说："啊，当然是奶油啦！"

"那么，你通常是怎么吃蛋糕的呢？"心理咨询师接着又问。

她不假思索地说："那还用说吗，我通常先吃完奶油，然后才吃蛋糕的。"

为此，心理咨询师从吃蛋糕的习惯出发，重新探讨了她对待工作的态度，正如自己所预料的那样，在上班的第一个钟头，她总是会先把十分容易的工作完成，而在剩下的6个钟头里，尽量规避最为棘手的差事。这便是人的性格中好逸恶劳的因素所致。

为此，心理学家给了她这样的建议：在上班的第一个钟头，先去解决那些麻烦的差事，在剩下的时间里，其他的工作便会显得十分的轻松。考虑到她的工作是律师，于是这样向她解释其中的道理：按一天7个小时计算，1个小时的痛苦，加上6个小时的幸福，显然要比1个小时的幸福，加上6个小时的痛苦划算得多。她完全同意这样的计算方法，而且坚决照此执行，不久就彻底克服了拖延工作的坏毛病。

有位哲学家说，惰性是一种"慢性毒药"，它能慢慢地征服你的勇气，让你变得迟钝。生活中有拖拉习惯的人，经常对自己说："我现在不想做，我要等到心情舒畅以后再去做。"问题就在于，如果想等到"心情舒畅"，那么可能要等到永远。而运用"推迟满足感"的方法去消除你的懒惰性格，就是要人不贪图暂时的安逸，重新设置人生快乐与痛苦的次序：首先，面对问题并感到痛苦；然后，解决问题并享受其最大的快乐，这是比较可行的良好的生活方式，也极容易取得成功。

其实，这种推迟满足感的生活方式，是可以培养的。在生活中，我们要学会自律的生活方式，避免只贪图眼前的安逸。例如在幼儿园里，有的游戏需要孩子们轮流参与，如果一个5岁的男孩多些耐心，暂且让同伴先玩游戏，而自己等到最后，就可以享受到更多的乐趣，他可以在无人催促的情况下，玩到尽兴方休；在吃蛋糕的时候，我们不要一口气把奶油吃完，我们可以选择先吃蛋糕，后吃奶油，就可以享受到更多的甜美的滋味。在晚上工作的时候，我们先以正确的态度对待工作，先把工作完成，然后再去享受与朋友一起Happy的时光，以这样的生活方式坚持下去，你们的实践便可以得心应手。到了成年期，这种生活方式将成为你的一种习惯，那么，你便可以除掉性格中好逸恶劳的成分，你也可以更多地享受生活中的快乐和幸福时光。

第七章
什么塑造了你的性格

08. 造成失败人生的 14 个性格缺陷

现实中，每个人都希望获得成功，然而，在成功的道路上，有障碍需要我们去克服，比如性格上的缺陷，就是横在人们成功道路上的一块绊脚石，如果你不能很好地克服它，不仅很难获得成功，还会导致最终的失败，下面是导致一个人失败甚至一事无成的性格缺陷，你有几种呢？

(1) 知足。

野心是一个人不断迈向新的辉煌的推动力，而一个生性知足的人，只要有吃有穿、腹饱体暖，对生活中没有任何欲求，如何能够创造富有与成功的未来呢？

(2) 保守。

这样的人，其生活和事业完全是凭过去的经验，没人走过的路他不敢轻易去尝试，没人做过的事，他也不敢轻易去做。他们早已经看到自己的现状不如别人，甚至差得很远。但是，他们不是去创造财富以迎头赶上，而总是悲观地想到万一尝试新的事物马失前蹄了怎么办，所以，经常出现的状况就是：新的东西没得到，又将旧的东西弄丢了。这种人永远不敢向新的生活迈进一步，最终会一无所成。

(3) 怯懦。

怯懦就是胆小，在机会来临的时候，因为不敢轻易去冒险而让机会白白溜走。这种人只是眼睁睁地看着别人发财，而自己却急得在家中团团转，再着急了就不停地抱怨。

(4) 懒惰。

懒惰的人有两个特点，要么光想不干，要么光干不想。身体懒惰的人每次想的都是不同的问题，还会时不时地想出一些新鲜的思想和念头，但就是不将之付诸行动；大脑懒惰的人，一辈子都做同样的工作，从来不考虑去改变什么。这两种人，最终的结局只能走向死亡。

(5) 孤僻。

孤僻的人很难与人打成一片，而赚钱就是要把别人的钱变成自己的钱，不经常与人打交道，如何能赚到钱呢？

(6) 自以为是。

自以为是的人，因为不懂得低调，所以很难与周围的人处好关系。与人处不好关系，就不能够形成长久的合作。与人合作不好，如何成就大事业呢？

(7) 狭隘。

狭隘的人有三方面的表现：一是心胸狭隘，二是视野狭隘，三是知识结构狭隘。这种性格的人，极难与他人和社会和谐相处，并且也很容易伤害别人。因为缺乏人脉，没有外援，最终只能一事无成或者是个十足的失败者。

(8) 骄傲。

骄傲的人出一点成绩就会忘乎所以，这样的人也许会取得暂时的成功，但很快就会丧失掉他获得的一切。这种人心理极为脆弱，既经不起成功的喜悦，也经不起失败的打击，为此，这样的人最终只能同可怜与自卑相伴，消极地混世。

(9) 狂妄。

狂妄的人在哪儿都不会受欢迎，尽管他们的口气很大，能力也许极强，但一定会使周围人群起而攻之，以致丢盔卸甲，兵败乌江，最终一无所有。

(10) 自私。

自私的人每天只是想着如何占便宜，不想付出、贡献，这种人最终无法获得成功与财富，只能拥有自己，形影相吊，顾影自怜。

(11) 消极。

消极的人表面上不贪图名利，实际上是对现实太过消极。什么都不想，什么也不做，即使是有再强的能力，最终也是一事无成。可怕的是，他始终认为自己很是聪明，什么都知道，什么都能看得清楚，所以看不起别人。他最容易变老，他的晚景最为凄凉，因为他能敏锐地感受贫困和失败。

(12) 轻信。

容易轻信的人，往往会给人一种有品格有修养的感觉，其实轻信就是一种人的弱点。比如轻信你周围的朋友，轻信你的下属，轻信合作对象，还包括轻信自己的能力、知识、智慧等等，要知道，做事业，做生意赚钱是一种个人目的极为明确的事情，也是一种以利益为根本的事情，同时又是冒险的事情。所以，轻信的性格极容易将利益拱手让给他人，或者会轻易把成功交给失误。

(13) 多疑。

轻信的另一面就是多疑，这是生意场上的大忌。多疑的最大特点是会莫名地把那些能够帮助自己的力量冷落在一边，从而形成孤军奋战的艰苦局面，使自己离成功越来越远。

(14) 冲动。

冲动是魔鬼，这样的人很是多情，一冲动起来就不顾及其他，随便许诺，信口开河。但是理智之后，许诺不能够兑现，会极大地损害自己的信誉。而一旦轻率地泄露了自己经营的秘密，别人就会乘虚而入。冲动还有一个缺点就是爱轻易做决定，出决策，或者突然决定干什么，或者突然撤销什么计划。这种轻率行为的本身，就是失败，不需要等到结局的发生。

很多人失败或者一事无成，都是因为败给了性格。如果你有以上这些性格，那么就赶快修正自己吧，这是创造自己辉煌未来的前提。了解自己性格的缺陷并有意地加以回避，是每个人的责任。

谁在掌控你的人生：
不可不知的100个心理学常识

09. 自助者天助，自强者刚强

在人生的路上，每个人都会遇到麻烦，但是应对麻烦的态度却各不相同。有的人把希望寄托在命运身上，有的人把希望寄托在神灵身上，有的人把希望寄托在亲友身上，却很少有人把希望寄托在自己身上，这便是性格中好逸恶劳的成分。其实，人生中很多时候，只有我们自己先做出改变，事情的结果才会有所改变，心理学家把这种现象叫作"自助餐效应"。

你们只有抛开幻想，才能自己解救自己。在你们的人生路上没有尽头，路的旁边还是路。只有做一个自强不息的人，勇于探索和实践生命中的一切，你才能有机会去获得成功。所以孔子在《易经》的系辞中说："天行健，君子以自强不息。"

一位在东欧生活的老人来到美国，当他走进曼哈顿的一间餐馆时，却遇到了与自己国家不同的情况。当他坐在餐桌旁等着侍者拿菜单来让他点菜时，等了很久，也没有人来为他服务。直到他看到有一个女人端着满满的一盘食物过来坐在他的对面，他的心里更加疑惑了。

老人问自己对面的女士，这个餐厅怎么没有侍者？女人告诉他："这是一家自助餐馆。你可以到那边去排队，从头开始你选择你喜欢吃的菜，然后到另一头去排队，他们会告诉你该付多少钱。"说着，女人指着餐厅的前台，那里果然有许多吃饭的人排成长长的一行。

老人按照女人的指示，饱餐了一顿。当他回到家里时，对自己的孩子说："从此我知道了在美国做事的法则：在这里，人生就是一顿自助餐。只要你愿意付费，你想要什么都可以。但如果你只是一味地等着别人把它拿给你，你将永远也成功不了。你必须站起身来，自己去拿。"

第七章
什么塑造了你的性格

其实，不只是在美国，在世界的每一个角落，人生都是一顿自助餐。自助，就意味着每个年轻人都要靠自己去主动出击，寻找机会。同时还要自己顶住命运的压力，直到自己将所有的困难都转化为辉煌的成功。

机会在世界的每个角落，都有一个老人的笑脸。他花白的胡须，黑色的眼睛，笑容可掬。这个和蔼可亲的老人就是著名快餐连锁店"肯德基"的招牌和标志——哈兰·山德士上校。

1890年9月9日，哈兰·山德士出生于美国印第安那州亨利维尔附近一个农庄。在父亲去世之后，山德士开始帮助自己的母亲照顾弟妹，分担着重任。7岁那年，他竟然学会做20个菜，成了远近闻名的烹饪能手。

直到40岁的时候，山德士才开始自己的创业之路。他来到肯塔基州，开了一家可宾加油站。来往加油的客人很多，而且这些长途跋涉的人常常是一副饥肠辘辘的样子。山德士想，为什么我不顺便做点方便食品，来满足这些人的要求呢？于是，山德士推出了肯德基炸鸡的雏形，由于味道鲜美、口味独特，受到了热烈欢迎。

很快，炸鸡的名声超出了加油站，很多人专门驾车几十公里来这里不是为了加油，而是为了一尝山德士的手艺。于是山德士就在马路对面开了一家山德士专营餐厅。他潜心研究炸鸡的特殊配料，使炸成的鸡表皮形成一层薄薄的、几乎未烘透的壳，鸡肉湿润而鲜美。至今，这种炸鸡配方还在使用，但调料已增至40种，而这就是肯德基最重要的秘密武器。

1935年，由于山德士的炸鸡闻名遐迩，肯塔基州州长鲁比·拉丰向他颁发了肯塔基州上校官阶，人们开始叫他"亲爱的山德士上校"。同时，随着客人越来越多，山德士发现自己店里的人手明显不够，炸鸡的供应明显无法满足客人的需求。就在这时，压力锅出现在了美国人的生活中。山德士觉得，压力锅可以大大缩短烹制时间，又不会把食物烧糊，这对于他的炸鸡而言是再好不过的事情了。

1939年，山德士买了一个压力锅，他做了各项有关烹煮时间、压力和加油的实验后，终于发现一种独特的炸鸡方法。在这个压力下所炸出来的鸡是他所尝过的最美味的炸鸡，至今肯德基炸鸡仍沿用这项妙方。可是二战的爆发改变了这个世界上的很多事情，也使已经66岁的山德士上校变成了一文不名的穷人。为摆脱困境，他突然想起曾经把炸鸡做法卖给犹他州的一个饭店老板，他们每卖1只鸡，付给山德士5美分。

66岁高龄的山德士上校开始了自己的第二次创业。他带着一只压力锅，一个50磅的作料桶，开着他的老福特上路了。身穿白色西装，打着黑色蝴蝶结，一身绅士打扮的白发上校停在每一家饭店的门口，从肯塔基州到俄亥俄州，兜售炸鸡秘方，给老板和店员表演炸鸡，然后把特许经营权卖给他们。但是整整两年过去了，没有人愿意相信他，他被拒绝了1009次。终于在1952年，当山德士上校第1010次走进一个饭店时，得到了一句"好吧"的回答。盐湖城第一家被授权经营的肯德基餐厅建立了，这便是世界上餐饮加盟特许经营的开始。也是哈兰·山德士上校第二次迎来了自己的人生辉煌，创建了现在这个世界500强企业：肯德基。

年过花甲的哈兰·山德士上校在人生的自助餐面前没有等待，而是坚持排队，知道用自己的努力换来了人生的大餐。作为风华正茂的年轻人，我们有什么理由放弃自己的梦想呢？懒惰地等待，只会让我们的满腹才华永无出头之日，而勇敢地迎接人生的挑战，却能给我们赢得大展身手的机会。希望每一个准备远航的人都能够牢记：才华固然重要，但是，才华不等于成功。成功还需要自己去打拼、去争取。

我们不需要羡慕那些含着金钥匙出生的贵族，哪怕自己是身无分文、出生平庸的丑小鸭。我们虽然选择不了出身，但是可以选择自强不息的心态，更何况，命运的安排也许别具深意，又怎么知道人生的艰辛不是命运对自己的恩赐呢？所以，懂得"自助餐效应"的人应该自强不息。一切靠自己的努力去争取，因为依靠别人往往用处不大，就如同在全自助餐厅里吃饭一样，身边摆满了佳肴，但是想吃的必须自己动手。

第七章
什么塑造了你的性格

10. 内心是力量之源，自信是成功之基

曾经有人写过这样一副有趣的对联："说你行，你就行，不行也行；说不行，就不行，行也不行。"在生活中，我们的确遇到过这样的情况，同样的事情，我们怀抱着不同的心态去做，结果却相差很远。其实，这就是自信心理在起作用，也就是心理学中的"断箭效应"。

所谓的"断箭效应"是指当一个人觉得自己受到某种外来因素帮助时，往往可以信心大增，从而取得出乎意料的效果。但是，一旦这种心理作用被戳穿，那么这个人的自信心就会瞬间垮掉，导致彻底的失败。

人们常常会错误地认为人生中最大的敌人是环境的不如人意，或者遇不到合适的机会。其实，每个人最大的敌人不是别人，而是他们自己。心理学上的"断箭效应"告诉我们：一个人只有性格上不自信，才会阻止他获得人生的成功。所以，每个人在人生中要走的第一步，就是要找回自信，而每个人找到自信的关键，就是要学会相信自己的力量，而不是把希望寄托在外部因素上。

在古罗马时期，一位将军带着自己的儿子去打仗，年轻人一到军营就希望自己能够有机会建功立业，像父亲一样成为优秀的将军。可是做将军的父亲却总是劝儿子不要着急，说他还有些东西没有学会。儿子心想，自己自幼习武，又精通兵法，所以对父亲的说法很不同意。

一天，儿子再次向父亲请命出战，态度十分坚决。父亲见他执意要证明自己，只好答应。临行前，做将军的父亲庄严地托起一个箭囊，并郑重地对儿子说："这是我们家的传家宝箭，带在身边，可以弥补你还没学会的东西，但千万不可将里面的这支箭抽出来，切记，切记。"

儿子定睛一看，只见一个极其精美的箭囊：牛皮打制，镶金错玉，里面只插着一支箭。再看露出的箭尾，一眼便能认定是用上等的孔雀羽毛制作。儿子喜上眉梢，告别了父亲，翻身上马，直奔敌营而去。

配带宝箭的儿子果然英勇非凡，所向披靡。敌军被杀得丢盔卸甲，四散溃逃。眼看胜利在望，年轻人再也禁不住得胜的喜悦，一股强烈的欲望驱使着他拔出了箭囊里的宝箭。

赫然显现在年轻人眼前的，竟然是一只断箭。儿子怎么也想不明白，父亲为什么要给自己的箭囊里装着一只折断的箭，想到自己现在孤军深入敌军，不禁吓出了一身冷汗。没有了家传宝箭保护的儿子，仿佛顷刻间失去支柱的房子，意志轰然坍塌，一下子从马上摔了下来。

本来已经溃散的敌军见对方主帅坠马，又杀了回来，结果先前那一支勇猛的军队全军覆没，将军的儿子也惨死于乱军之中。

在打扫战场时，做将军的父亲看着儿子的尸体，捡起旁边那支断箭，沉重地说道："看来你还是没有学会自信，所以永远也做不成将军。"

故事中一心想要建功立业的儿子，是个非常杰出的年轻人，之所以失败，只是因为他缺少了自信。他不知道，自己之所以能够孤军深入，所向披靡，完全是自己的气势压倒了敌人。最后，终于在知道真相之后对自己产生了怀疑，因为不自信而马革裹尸，这就是"断箭效应"。它告诉我们：当一个人拥有自信时，自然能够在人生路上勇不可挡；而当这个人失去自信时，眼前的一切成功都会轰然坍塌。

所以，我们要想改变自己的命运，先要改变自己的性格。机遇不会从天而降，需要我们持续不断地提高自己，让自己更完善，这样才能在机遇降临的时候牢牢把握。年轻人有时会因世俗的力量消解尝试的勇气，缺少对自己的那份自信。不过，我们不能因为别人的目光倍受冲击，要相信自己的能力。

伊夫·洛列创办的化妆品公司，是法国屈指可数的化妆品企业，也是

第七章
什么塑造了你的性格

唯一能与法国最大的化妆品公司"劳雷阿尔"相抗衡的企业。伊夫·洛列的创业经历是一个传奇。1958年的法国，当时的人们认为用植物和花卉制造的美容品毫无前途，没有任何人愿意在这方面花心思。而洛列却对此产生了兴趣，他相信自己能用花和植物发明一种特殊的化妆品，并能获得大众的认可。

当他从一位年迈的女医师那里得到了一种专治痔疮的特效药膏配方时，他忽然冒出了一个新奇的想法——根据这个药方用植物研制出一种香脂，并开始挨门挨户地去推销这种产品。一天，洛列灵机一动，他在当时最流行的杂志《这儿是巴黎》刊登了一则商品广告，且附上了邮购优惠单。这一大胆的举动让洛列取得了意想不到的成功，从此他的产品开始在巴黎畅销起来。

1960年，洛列开始小批量地生产这种植物美容霜，他独创的邮购销售方式又让他获得了巨大成功。在极短的时间内，洛列通过这种销售方式，顺利地推销了70多万瓶。1969年，洛列创办了他的第一家工厂，并在巴黎的奥斯曼大街开设了他的第一家实体店，开始大量生产和销售这种植物美容品。

1985年，他在全世界已拥有960家分店，公司的销售额和利润增长了30%，营业额超过了25亿。如今，伊夫·洛列在全世界拥有800万名忠实的"粉丝"。

克服"断绝效应"的方法其实很简单，那就是当你心里有一个好点子的时候，就要放下杂念，不要被外界的言论干扰，全神贯注地把你的好点子变成事实。洛列就是这样获得成功的。一个想要成功的人不应该太在意自己的弱项和曾经的失败，而应将注意力和精力转移到自己感兴趣和擅长的事情中去，从中获得乐趣与成就感来强化自信，从而缓解自己的心理压力和紧张。

在飞机发明之前，无数人曾告诫莱特兄弟，他们的行为既幼稚又愚

蠢——那看起来显得笨拙丑陋的装置，无论如何都不可能飞起来的。就连他们的父亲也断言，人类永远不可能翱翔天际，他说：如果上帝肯让我们飞上蓝天，早就赐予我们一双翅膀啦！

没想到，这两个固执的男孩用自信和行动推翻了老爸的名言。如今，人们不但可以乘坐飞机跨越地域的障碍，可以从南半球到北半球，从洛杉矶到马德里，甚至还能飞得比声音的速度还要快。

莱特兄弟之所以能发明飞机，完成飞翔的梦想，很重要的一个原因就是他们克服了"断箭效应"，相信自己胜过相信别人。在人生中，我们也应该建立起自信的性格，否则当幸运之神降临的时候，也许在怀疑自己的间隙，她已经离去。为了克服"断箭效应"，不妨将自己的兴趣、爱好和特长全部列出来，哪怕是很细微的东西也不要忽略。你会发现你有很多优点，当你学会用客观的态度看待你的弱项和失败，做到既不自欺欺人，又不将其看得过严重，这样就能将自己的能量发挥到极致。

在这个世界上，很多人逃不过"断箭效应"的影响，他们愿意相信某些事物可以给自己带来好运，比如一个幸运号码、一个护身符或者一顶特别的帽子。但是，这些都不是决定人生成败的关键，它们只能起到心理暗示的作用，真正决定人生的还是我们自己。

第八章

什么造就了你的习惯

你早上起来做的第一件事是什么？你经常去哪家餐厅吃饭？你多久运动一次？晚上一般何时入睡？我们每天所做的大部分选择可能会让人觉得是自己深思熟虑的结果，其实并非如此。人每天的活动中，有超过40％是习惯的产物，而不是自己主动的决定。虽然每个习惯的影响相对来说比较小，但是随着时间的流逝，这些习惯综合起来则会对我们的健康、升职前途、个人经济等起着主要的作用。那么，你的习惯是如何养成的呢？你的习惯是如何在无意中改变你的人生的呢？也许本章能给你详尽的答案。

01. 21天习惯效应：习惯形成只需21天

你生活中不知不觉的习惯是如何养成的？养成一个习惯究竟需要多少天？这些问题，其实在很早之前一位整形医学专家马尔茨博士便给出了答案。他发现对于截肢患者来说，手术后的头21天中，他们往往不适应已经失去的身体部分，仍然能经常"感觉到"它的存在。而21天后，他们就不再无意识地要去"使用"它了，已经习惯了他们截肢后的状态。从马尔茨博士的这个临床发现之后，人们便逐渐地接纳了他的观点。

后来，经过多数心理学专家大量的验证，绝大多数人可以用21天的时间打破或者养成一种习惯。虽然过程可能经过了充满信心的开始，让人精疲力竭的坚持期，难熬的过渡期，但最终却是有志者事竟成。人们将一个人的新习惯或理念形成并得以巩固至少需要21天的现象，称之21天效应。

心理学家指出，一个习惯的形成大致可分三个阶段：

第一阶段：1－7天。在这个阶段，人们通常会感到"刻意、不自然"，需要十分刻意地提醒自己。因为你一不留意，你的坏情绪、坏毛病则会浮出水面，让你又回到从前。你在不断地提醒自己、要求自己的同时，也许会感到极其不自然、不舒服，然而，这种"不自然、不舒服"是正常的。

第二阶段：7－21天。在这个阶段，你仍然会表现为"刻意、不自然"，但还需要你的意识去控制你的行为。经过一周的刻意要求，你已经能感受到自己比较自然、比较舒服了，但你不可以大意，一不留神，你的坏情绪、坏毛病还会来破坏你，让你回到从前。所以，你还需要刻意地提醒自己，严格要求自己。

第三阶段：21－90天，在这个阶段，之前感到刻意的行为变得自然，

第八章
什么造就了你的习惯

你在不经意间便会表现出这样的行为,无须意识去控制。这一阶段是习惯的稳定期,它会使新习惯成为你生命中的一部分。在这个阶段,你已经不必刻意地要求自己,它已像你抬手看手表一样自然了。

美国石油大亨保罗·盖迪曾经一度抽烟很凶,被朋友称为"大烟鬼"。

有一天,他自己开车经过法国,当时恰逢天降大雨,他开了几个小时后,就在一家小城的旅馆过夜了。

晚饭过后,疲惫的他很快就进入了梦乡。

清晨四点钟,盖迪就醒来了,很想抽一根烟。他打开灯之后,就习惯性地伸手去抓睡前放在桌子上面的烟盒,然而,里面是空的。他就下了床,开始四处地搜寻衣服口袋,毫无收获。他又开始心急地搜索各个行李箱,渴望能发现一根,但是结果令他大失所望。

这个时候,旅馆附近的商店、餐厅、酒吧已经全部关门,他唯一希望得到香烟的办法就是穿上衣服,到离这里很远的车站去买。

越是没有香烟,他想抽烟的欲望就越大,有烟瘾的人都有这种体验。盖迪就立即穿上衣服想出门,然而,就在他四处找雨衣的时候,停住了,不禁问自己:我这是在干什么?

盖迪就站在那儿不停地寻思,一个所谓的高级知识分子,而且一个相当成功的商人,一个自以为有足够的理智对手下下命令的人,竟然要在三更半夜离开旅馆,冒着大雨走过几条街,仅仅为了得到一支香烟。这是一个什么样的坏习惯,这个坏习惯的力量强大得足够支配他当下的意识和行动。想到这里,盖迪就下了狠心,把那个空烟盒揉成一团扔进了纸篓中,脱下睡衣回到了床上,带着一种解脱甚至是一种极为胜利的感觉,一会儿就进入了梦乡。

从此以后,保罗·盖迪就开始戒烟,在刚开始的第一周,没香烟抽的他感到极为不舒服,但是经过三周与香烟的激烈"抗拒"后,他还是戒掉了香烟。依照戒烟的方法,他也不断改掉了自己身上的很多坏习惯,使他

的性格趋于完美，从此之后，他的事业越做越大，成为世界顶尖的富豪之一。

懂得自制的人是异常强大的，自制则可以让人改掉坏习惯，成就人生的卓越。我们很多时候不够优秀，是因为缺乏改掉自身坏习惯的勇气。其实，一个好的习惯的形成只需要21天，当然在这21天里你需要重复某个行为。而如果一个行为重复90天则会形成稳定的习惯。也就是说，同一个动作或者一个想法，重复21天，或者重复验证21次，就会变成习惯性的行为和想法。所以，一个观念如果被别人或者自己验证了21次以上，它一定已经是你的信念了。

02. 惯性定律：卓越是一种习惯

著名心理学家威廉·詹姆士说："播下一个行动，收获一种习惯；播下一种习惯，收获一种性格；播下一种性格，收获一种命运。"由此可以得出结论：习惯决定命运。这就是心理学上的"惯性定律"。

你是否有这样的体验，明知自己身上的某个习惯可能成为前进道路上的绊脚石，或是影响自己一生的前途，却怎么也改不掉。而那些我们耳熟能详的所谓卓越人士的好习惯，无论我们怎么强迫自己身体力行地践行，都很难使其成为我们生命中的一部分，其实这就是惯性力量在起作用。惯性的本质就是一种重复性的延续。亚里士多德曾经说过："优秀是一种习惯，卓越也是一种习惯。""人的行为总是一再重复。因此，卓越不是单一的行动，而是习惯。"

我们面临的最大难题是，养成好习惯不容易，改掉坏习惯更是难上加难。一个好的习惯在形成之前就像蛛丝一般脆弱，但一个坏的习惯一旦养成，就如绳索般牢固，足以套牢我们的一生。造成这种结果的原因是我们意志力不够坚定，缺乏坚持到底的精神，其实只要重复的次数足够多，长期坚持下来，好习惯完全是可以培养起来的。

苏格拉底是一个伟大的哲学家，同时也是一个了不起的教育学家，他的教学方式和教育方法在今天看来依然是别出心裁的。有一天，在课堂上，他忽然对学生们说："今天我不讲什么深奥的哲学，我们只学一样东西，那就是跟我做一个简单的动作，先把胳膊抬起来，然后用力向后甩。"说完，他示范了一下甩手的动作。

学生们都忍不住笑了起来，其中一名学生不解地问："老师，这么简单的事情，难道还用学习吗？"苏格拉底严肃地说："你们不要觉得甩手是件很简单的事情，其实做好这件事是很难的。"听完老师的这番话，学生们笑得更响亮了。苏格拉底随即宣布道："你们学会这个动作以后，每天都要坚持做300遍。"学生们都有些不以为然，心想：这有什么难的呢？

过了10天，苏格拉底问有谁每天坚持做300下的甩手动作，80%的学生都举起了手。20天以后，苏格拉底问了同样的问题，举手的学生减少了一半。一年以后，他再次发问时，只有一名学生举起了手，他就是我们所熟知的大哲学家柏拉图。

这则故事告诉我们，坚持做同一件简单的事情并不是那么容易的，短期的坚持似乎人人都能做到，长期不懈的坚持却只有少数人才能做到，但只要你坚持下来了，养成了良好的习惯，就能有一番作为。众所周知，好习惯可以让人受益终生，坏习惯则会成为我们行动的障碍，毁掉我们的大好前程。培养好习惯，克服坏习惯，唯一的秘诀就是坚持，心理学认为，形成一种新习惯只要坚持一段时间，就能习惯成自然。

一只鹰通常可以活到70岁，在鸟类当中，鹰的寿命可谓是最长的，但是活到40岁的时候，鹰的身体就明显老化了，它的嘴巴变钝，爪子也不像以前那么锋利了，捕食出现了很大的困难，假如迈不过这道坎，就会活活

饿死。只有一种方法能让鹰存活下来,那就是反复用嘴撞击坚硬的岩石,直到让嘴巴外的硬壳完全脱落,重新长出新的外壳。随后还要把爪子上的指甲一根根硬生生地拔掉,忍受锥心的痛苦,把自己弄得鲜血淋漓,等到指甲重新长出来之后,它就能重新捕食了。这种炼狱般的考验前后要经历140天,通过严酷的考验之后,它可以继续活30年。

一只鹰用140天的坚持换来日后30年的快乐,显然是非常值得的,虽然过程是那么痛苦。对于我们而言长期坚持一些好习惯,换来的就是一生的幸福,而这个过程和鹰的蜕变所经历的痛苦相比简直不值一提,那么我们还有什么理由不坚持呢?

驴子能任劳任怨,具有坚忍不拔的毅力,千里马能日行千里,纵横天下,它们都有着各自的优秀,这种优秀虽然跟禀赋有关,但也是习惯使然,习惯了不辞劳苦或是习惯了奔腾驰骋,就会内化成一种品质。人也一样,让优秀成为自己的一种习惯,就能改变自身的行为,从而收获另一种命运。

03. 培养一种习惯,收获一种命运

心理学家指出,人的习惯是一个庞大的系统,它像一棵大树一样有根、有干、有枝、有叶。它可以是我们工作方面的习惯,也可以是学习方面的、健康方面的、感情方面的、与人相处方面的各种习惯,可以是思维方式的习惯,也可以是行为方式的习惯。

所以,当我们明白习惯对一个人命运的重要性之后,我们就要去有意识地培养自己的良好习惯,对培养好的习惯做一个统筹安排,这样便可以分清楚主次,明确先后,然后有步骤地去培养,便会更有成效,富兰克林

第八章
什么造就了你的习惯

的方法就值得我们去学习。

富兰克林是几百年来被世界公认的伟人之一。他发明了避雷针，参与了美国独立战争，写出了代表"自由、平等、博爱"的名言，是美国《独立宣言》的主要起草人之一，同时他又是作家、画家、哲学家，并且还自修了法文、西班牙文、意大利文和拉丁文。

富兰克林在众多领域做出了杰出的贡献，受到了不同国籍、不同肤色的人们的敬仰。当他在79岁时，想起自己一生取得的成就，他用了整整15页来叙述自己年轻时候的特殊锻炼，他认为自己的一切成功与幸福都受益于此。他究竟受过怎样的特殊锻炼呢？

年轻时期的富兰克林并不十分成功，但却十分地渴望成功。他经过研究，发现成功的关键就在于获取完善的人格。经过精心的总结，他认为这完善的人格应该包括以下13项内容：节制、寡言、秩序、果断、节俭、勤奋、诚恳、公正、适度、清洁、镇静、贞洁、谦逊。

但是经过进一步的研究后发现，如果仅知道这13项内容并不能让自己走向成功之路，只有经过刻苦的锻炼，让自己拥有这13种习惯，才能真正地拥抱成功。否则，一切都是白谈。

知晓了这一点，富兰克林认真地准备了一个大本子，并在每一页上面打上许多的格子。他当时非常的清楚，一段时间只专注于一项锻炼，才是最为有效的，否则，只会适得其反。于是他头一个星期只专注于"节制"，每天检查自己为人处世是否"节制"，并且在本子上面做上记号。

一周之后，由于天天盯住自己是否"节制"，并坚持每天监督，他惊喜地发现，"节制"的习惯慢慢地在他身上生根了。

尝到了甜头，第二周他每天盯着第二项"寡言"，并对第一项"节制"复习巩固；第三周他盯住了"秩序"，再对第一项、第二项复习巩固。没想到13周后，他发现自己的举手投足，为人处世、待人接物发生了质的变化。

年轻、认真且又有决心的富兰克林生怕这 13 周还不足以使那 13 个美德变成自己的习惯，在一年内他又进行了 3 次 13 周的轮回锻炼。一年之后，富兰克林完全变了，这种变化已经融入了血液，渗入了他的灵魂，浸透到他身上的每一个细胞中，这样的一个人，他能不成功吗？

其实，富兰克林培养习惯的妙方真的值得我们仿效，其中逐一突破极为重要，这对于我们年轻人来说尤其值得借鉴。因为从根本上讲，任何一个好习惯的培养都不是轻而易举的。因此，我们一定要循序渐进、由浅入深、由近及远、由渐进到突变，尤其是开始我们要宁少勿多、宁简勿繁、宁易勿难。先找一个比较容易做到，做起来有兴趣，很快能尝到甜头的，而且不断受到自己以及周围人的激励，专攻这一个，其余统统不管。如果你下的功夫大一些，花的时间长一些，便很容易获得成功。

第一个好习惯养成了，你一定能尝到甜头。既然是好习惯，它就会在无意识之中自动为你管理、为你服务一生。因此你便在无形之中有了一笔取之不尽、享用终生的财富，这简直是人生最有效率的事情。试想世界上还有什么事有这么高的投入产出呢？你投入的是一个习惯养成的过程，得到的却是终生源源不断而来的物质与精神财富。

04. 棘轮效应：由俭入奢易，由奢入俭难

商朝时期，纣王在登位之初，天下人都觉得自己生活在英明君主的统治之下，商朝的江山一定会坚如磐石。

一天，商纣王命人用象牙做了一双筷子，十分高兴地使用这双象牙筷子就餐。他的叔父箕子见了，劝他收藏起来，而纣王却满不在乎，满朝文武大臣也不以为然，认为这本来是一件很平常的小事。

第八章
什么造就了你的习惯

箕子则为此事忧心忡忡,一些大臣就问他原因,箕子回答说:"纣王用象牙做筷子,必定再不会用土制的瓦罐盛汤装饭,肯定要改用犀牛角做成的杯子和美玉制成的饭碗;有了象牙筷、犀牛角杯和美玉碗,难道还会用它来吃粗茶淡饭和豆子煮的汤吗?大王的餐桌从此顿顿都要摆上美酒佳肴了;吃的是美酒佳肴,穿的自然要绫罗绸缎,住的就要求富丽堂皇,还要大兴土木筑起亭台楼阁以便取乐了。对这样的后果我觉得不寒而栗。"

仅仅5年时间,箕子的预言就应验了,商纣王恣意骄奢,断送了商汤绵延500年的江山。

其实,箕子对纣王使用筷子的评价,则体现了现代经济学中一种消费心理效应——棘轮效应。所谓的棘轮效应,又称制轮作用,是指人的消费习惯形成之后有不可逆性,即易于向上调整,而难于向下调整。尤其是在短期内消费是不可逆的,其习惯效应较大。这种习惯效应,使消费取决于相对收入,即相对于自己过去的高峰收入。

这一反映大众消费习惯的心理学效应是由经济学家杜森贝提出的。古典经济学家凯恩斯主张消费是可逆的,即绝对收入水平变动必然会立即引起消费水平的变化。针对这一观点,杜森贝认为这实际上是不可能的,因为消费决策不可能是一种理想的计划,它还主要取决于消费习惯。这种消费习惯受诸多因素的影响,如生理与社会需求、个人的经历、个人经历的后果等。尤其是个人在收入达到最高期所达到的消费标准对消费习惯的形成有着极为重要的作用。实际上,棘轮效应可以用宋代政治家和文学家司马光的一句名言来概括:由俭入奢易,由奢入俭难。这句话出自他写给儿子司马康的一封家书《训俭示康》中,除了"由俭入奢易,由奢入俭难"的著名论断,他还说:"俭,德之共也;侈,恶之大也。"司马光秉承清白家风,不喜奢侈浪费,倡导俭朴为美,他写此书的目的就在于告诫儿子不可沾染纨绔之气,保持俭朴清廉的家庭传统。

棘轮效应道出人的一种本性,人生而有欲,"饥而欲食,寒而欲暖",

是人与生俱来的欲望，人有了欲望之后便会千方百计地寻求满足感。但对个人而言，有欲望是好的，它能促使我们不断努力，保持生命的活力，但是也不能过度地放纵奢侈，否则容易丧失自我。所以，在个人消费方面，我们切不可养成过于奢侈的习惯，否则只会将幸福和快乐赶走，只有了解这一点，看透棘轮效应的本质，你才能停止无意义的浪费，找到幸福的真谛。

05. 人生需要"归零心态"

在生活中，你是否发现有些20岁的人却透着一股日薄西山的气息，而有些80岁的人却依然朝气蓬勃地学习各种新鲜事物。正如亨利·福特所言："任何停止学习的人都已经进入老年，而坚持学习者则可以永葆青春。"所以，要想让自己永葆青春，那么就要拥有"归零心态"，随时准备重新开始。

"归零心态"又叫"空杯心态"，如同倒满的水杯无法再倒入更多的水一样，一个人只要将"归零心态"当成自己的一种习惯，才能不断在更新自我中走向辉煌。

要知道，一个人，只有放下当前的知识，才能学到更多的见识。而那些以为自己无所不知的人，刚好是最无知的人。这就是"归零心态"要告诉我们的道理，因为骄傲自满是一个可怕的陷阱，而这个陷阱往往是我们亲手所挖。要想获得更多的知识和成就，就必须学会放下过去的知识，虚心向别人学习，时时反省自我。

一所名牌大学毕业考试的最后一天，毕业生们觉得自己走出校门就算镀金完成，都雄心勃勃地展望着未来，几乎忘记了还有最后一场考试。

第八章
什么造就了你的习惯

大家都在谈论着自己的工作和对未来的计划，带着四年来大学学习所获得的自信，他们似乎已经准备好了要征服整个世界。

最后一场毕业考试在他们心中不过是走走形式罢了，因为教授说过，他们可以带任何的参考资料，只要考试时保持考场秩序，不要交头接耳就行了。当教授把试卷发下去，学生们看到试卷上只有 5 道论述题时，脸上出现了得意的笑容。

考试的时间过得很快，教授开始收卷，学生们的脸上开始出现一种恐惧的表情，教室里一片寂静。于是教授在收完了所有试卷之后，并没有马上走出教室，而是面对着所有参加考试的学生问道："完成 5 道题的请举手？"

没有一只手举起来。教授又问："完成 4 道题的请举手。"

仍然没有人举手。"3 道题或者 2 道题的呢？"教授边问边扫视着学生们。很多同学把头埋得深深的，他们用静默回答着教授的提问。

"那 1 道题呢？总会有人完成 1 道吧？"

整个教室仍然没有人举手，在这种沉默的气氛中，弥漫着一种深深的沮丧和挫败感。这时教授放下试卷，说："很好，这正是我想要的结果。这是我给你们上的最后一课，希望你们能记住，大学四年除了让你们学到很多知识之外，更要让你们知道自己有多么无知。"然后教授又微笑着补充道："不用担心你们的毕业成绩，我会让你们都通过这个课程。但是记住，即使你们现在毕业，你们的学习仍然只是刚刚开始。"

学生们上完了最后的一堂课，脸上再也没有之前那种不可一世的神情了，而是充满了谦虚与谦和。

大学教授的最后一课，是让学生们时时刻刻都能认清自己。而认清自己的最好办法，就是学会将自己归零。对于我们来说，学业的结束，刚好是学习的开始。一个新工作，一个新领域，一个新环境，随时都需要我们抱着归零的心态，去努力学习。生活中，只有懂得"归零心态"的人，才

不会被时代抛弃。但是，现代社会中总有一些人觉得自己的能力足够在短时间达到自己的期望值，这就是自视过高。自视过高也就是自傲，由于自视过高，造成我们目空一切、不自量力，甚至不切实际。

澳大利亚某大学有一名学生，曾被称为"天才学生"。在他读中学的时候，他的每门课程成绩都得优秀，还曾获得全澳大利亚竞赛大奖。在大学期间也是一帆风顺，学习成绩依然十分优秀。就是因为太优秀，他从来看不到自己的不足之处，渐渐养成了骄傲自大、自以为是的缺点。毕业前他还向同学们宣称："以我现在的能力以后做第二个比尔盖茨肯定没问题！"但是，毕业后不到一年，他在所在的工作单位却到了几乎混不下去的地步。刚开始他觉得自己无所不能，不把任何人放在眼里。屡次受到挫折后，他又开始怀疑自己的能力。到最后，他失去了自我，整天郁郁寡欢、闷闷不乐，逐渐发展成为忧郁症，住进了精神病院。

实例中的这个"天才学生"就因为不懂得将自己归零，最后落得这样的下场。如果一个人在学习中总是自认为高人一等，这样的人难免处处碰壁，对自己的学业更是有百害而无一利。因此，在学习中要谦虚一点，随时倒空自己的杯子，千万不要狂妄张扬，这才是"归零心态"的真谛。

人的一生，常常是靠勤奋谦虚获得成功的，成功之后又往往因骄傲自满而走向失败。自然中也有同样的规律，就是月满则亏，水满则溢。由此可见，自满是成功的第一大敌。现在人都追求成就感，有了成绩就要大声喊出来，却不知道"归零心态"早已告诉我们：默默地努力才是追求下一个成功的基石。

当然，在成功面前故作矜持也并非解决之道，反而给人留下做作的印象。倒不如简单地庆祝一下，然后将注意力放在自己还没有成功的部分，也就是将自己"归零"。不管之前的成绩多么出色，接下来的部分却是一个未知的领域，所以我们要从零开始。只有懂得将自己"归零"的人，才能实现内心境界上的自我突破，由此获得不断的成功。

06. 惯性思维：别被顽固思维绊倒

我们习惯用常规的方式来思考问题，把自己和前人的知识和经验当成唯一的参考模板，以期在解决同类或相似问题时能够省时省力，免去摸索的麻烦，久而久之，就形成了顽固的惯性思维。惯性思维属于一种僵化的思维模式，它是一种妨碍和束缚人类自由思考的有害思维习惯，一旦你的思维进入了这种模式，思想就会变得机械呆板，积极性和创造性受到抑制，想象力和创新思维受到抹杀，使你无法摆脱条条框框的限制，做出一些愚蠢可笑的事情或可能产生重大失误的决策，令你对自身能力产生怀疑，甚至抱憾终生。那么惯性思维是怎么产生的呢？

阿西莫夫博士是一位著名的科普作家和科幻小说家，他思维缜密、想象力丰富，为此他一直颇感骄傲。一天有一位汽车修理工想要出问题考验他的智力，他点头应允，头脑简单的修理工怎么可能考倒他这位学识渊博的大作家呢？

汽车修理工说："有一位聋哑人到五金店购买钉子，他对售货员做了一个简单的手势：左手伸出两只指头，右手握拳作出敲击的动作。售货员想了想，给他拿来了一把锤子。聋哑人赶忙摇头，晃了晃左手的两根指头，售货员立刻明白了他的需求，为他拿来了钉子，聋哑人付了款，走出了商店。后来有一个盲人来到这家五金店购买剪刀，你认为他会怎样做？"

阿西莫夫博士觉得这个问题实在是太简单了，于是伸出食指和中指作剪刀状，说道："他会作这个动作。"话音刚落，汽车修理工就笑着宣布他回答错误："盲人想买剪刀，只要开口说话就行了，没必要去做手势呀。"

博学的阿西莫夫反不如文化程度不高的汽车修理工思考问题灵活，这

是否意味着知识越多负累便越多，就越容易掉进惯性思维的陷阱呢？显然答案没有这么简单。知识和经验具有双面性，它们既能帮助我们快速成长，也能在累积的过程中形成惯常的模式，禁锢我们的心灵，使我们落入惯性思维的圈套之中。惯性思维源于知识和经验的累积，但是这并不意味着知识和经验越少对我们越有利，是否沦为惯性思维的傀儡取决于你是否会沿着惯有的路径去思考和处理问题。

在一间实验室里，一名实验员拧开水龙头向一个大玻璃水槽里注水，由于水流很大，玻璃水槽很快就灌满了水，实验员关闭水龙头时却发现水龙头坏掉了。如果水流再持续流半分钟，水就会从水槽溢到工作台上，工作台上的仪器里正装着遇到空气就会燃烧的化学药品，沾水之后会立即发生爆裂，到时整个实验室将陷入一片火海。

实验员吓得面色惨白，他们知道逃生的希望渺茫，因为化学药品发生反应从爆炸到起火只是刹那间的事，谁都没有那么快的奔跑速度。那名水槽边的实验员试图堵住水龙头，可是所有的努力都无济于事，他绝望地叫喊起来。实验室里静得可怕，大家嗅到了死亡的味道。

就在这千钧一发的时刻，一名女实验员拿起捣药用的瓷研杵狠狠地砸向玻璃水槽，在水槽底部砸出一个大洞，水流顺着那个洞直泄而下，危险警报终于解除了，实验室化险为夷。

水槽边的实验员按照常规方式思考问题，认为关掉水龙头是使实验室转危为安的唯一方法，坏掉的水龙头是无法关闭的，他的方法显然不会奏效，而那名女实验员没有按照惯有思路来思考和解决问题，而是急中生智变换了一种思路，阻止水从水龙头中流出是不可行的，但是阻止水溢到工作台上溅湿仪器却是可行的，只要把水和仪器分开危险便会解除，根据这个全新的思路，她把玻璃槽底部砸出了一个通道，实验室才转危为安。

惯性思维总是扰乱人的判断，让人空耗心力，遇到新情况和新问题就束手无策，浪费宝贵的时间以及大量的财力和物力。美国航天局发现，航天飞机上有一个零部件故障频出，为了解决这一技术问题，花费了很多人力物力，但是那个零部件仍是问题不断。后来有位工程师提出了一个打破常规的方案——弃用这个零部件，事实证明，少了这个零部件航天飞机完全可以正常运作，这说明它其实是多余的，只是之前没有人想到这一点。

思路决定出路，而出路则决定命运，对于个人而言，惯性思维是你前进道路上的羁绊，当你的头脑被定式思维占据时，你就会变得短视和愚钝，即使有更好的解决方案也不敢尝试，使得事业难有进展和突破，在生活中常被一些易于解决的问题难倒，工作和生活都很不如意。那么我们应该如何打破惯性思维呢？

(1) 解放思想，培养自己的创新思维。

把思想从以往的惯性中彻底解放出来，用崭新的创造性思维来思考问题，不拘泥于之前的习惯和经验，不为思维定式所累，大胆突破常规，敢于闯入无人尝试的盲区，积极探索新的解决办法，改变固守一隅、坐以待毙的消极态度。

(2) 换个角度思考问题，突破旧的思考模式。

如果常规方法不能解决问题，不妨摒弃旧的思考方式，换个角度来思考问题，所谓"横看成岭侧成峰"，同一个事物在不同的角度会呈现出不同的风貌，多角度地看待问题，更有利于你窥见事物的全貌和真貌，不要遵循原有的思考，模式，跳出旧的思路，你才能寻找到灵感的火花，从另一个角度思考你才能开辟出新的路径。

(3) 善用经验，发展创造性发挥的能力。

经验如果能被妥善利用，将成为一种资源，在遇到新问题时，可以对原来的解决之道灵活地做出一些变换，例如在固有的方案中添加一些元素或减少一部分内容，抑或是融入自己的灵感，创造性地拟定出新的解决方案。

07. 标签效应：贴在心上的标签

在评价别人时，我们会根据自己的主观喜好给不同的人贴上不同类型的标签。比如提起爱因斯坦，我们首先想到的是"天才"一词，提起希特勒，我们首先想到的是"恶魔"，而"天才"和"恶魔"就是我们赋予两位历史人物的个性化标签。其实我们在给别人贴标签的同时，别人也在给我们贴标签，人们喜欢互相贴标签，然而却很少有人关注标签对自己或他人的影响。

心理学家指出一个人如果像商品一样被贴上了鲜明的标签，他就会自觉地对自己进行相应的印象管理，促使自己的言行举止和标签相吻合，这种现象就叫作"标签效应。"第二次世界大战期间，美国的心理学家曾对新招募的士兵做过一项有关标签效应的心理实验，他让那些纪律散漫、表现极差的士兵每月定期给家人写信，内容都是陈述自己如何遵守军纪、英勇作战、立功受奖等。半年以后，这些士兵都做出了惊人的改变，他们真的遵照信中的内容去做了，由一群散兵游勇的劣兵变成了一支听从指挥、纪律严明的劲旅。标签效应是神奇的，它就好比贴在心上的标识，能在无形中变成我们生命的一部分，促使我们在行为和品行上做出相应的改变。

罗森汉恩博士在研究标签效应时，曾招募8人假扮精神病人请医生诊断病情。他们身份各异、年龄不同，但精神状态都良好。这个团队由心理学家、医生、研究生、画家、精神病学家和家庭主妇组成。乍一看上去，他们和常人并没有什么不同。这8个假病人在接受诊断时，全部声称自己有严重的幻听。入院之后，尽管言行完全正常，仍有7人被诊断出狂躁抑郁症。

当这些假病人声称自己正常，强烈要求出院时，医护人员把他们的请求看成了是"妄想症"加重的表现。医护人员认为假病人能互相聊天，并不代表他们有正常的交谈能力，他们会做笔记说明精神疾病发展进入了新阶段，其"书写行为"是精神病加剧的征兆。由于被贴上了精神病的标签，假病人的一切正常行为都被视为反常，通过这个实验罗森汉恩证实了在医疗机构中乱贴标签的危险性，医生一旦误诊，就可能一错再错，其后果是不堪设想的。

试想一下，如果那 8 名假精神病人被强行留在精神病院中会发生什么？最有可能出现的情况是，在标签效应的影响下，他们渐渐地把自己当成了真的精神病患者，久而久之精神也会跟着错乱和失常。可见，标签效应是一把双刃剑，它既能给人带来积极的影响，又能给人带来极为消极的影响。我们要学会利用其积极的一面，以此激励他人、鼓励自己，促进自己和他人的共同成长和进步。

运用标签效应，我们应格外注意，不要乱给别人贴标签，不能用有色眼镜看待任何人，以免给别人的心灵造成伤害。同时我们要学会温柔地呵护自己，绝不能随意地给自己贴负面标签，如果外界误解我们，给我们贴上了带有歧视和恶意的负面标签，我们要果断地把它撕掉，决不能把它当作自己的标识。

08. 自制力定律：失去自制力，容易误入歧途

要改变自己的不良习惯，最主要是靠自制力。自制力即指人们能够自觉地控制自己的情绪和行为。既善于激励自己勇敢地去执行决定，又善于抑制那些不符合既定目的的愿望、动机、行为和情绪。自制力的强弱是判

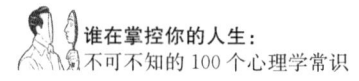

断一个人内心是否强大的重要标志。自制力是指一个人在意志行动中善于控制自己的情绪、约束自己的言行的一种品质。

一只狼为了捕到羚羊,常常可以连续几天潜伏在冰天雪地的沼泽地旁,它是那样顽强而有耐心,慢慢地毫无声息地贴在地上接近羚羊。当羚羊无意跑开,狼就会用舌头舔一下嘴唇,失望地退回原处等候着。为了填饱饥饿的肚子,狼可以这样往返几十次,连续几天几夜,直到羚羊因为疏忽被它逮住为止。

这只狼就极为善于控制自己的行为。实际上,这只是狼在漫长的进化过程中逐步形成的一种猎获食物的本能。如果说,连动物有时候为了达到某种目的会控制自己的行为,对于有思想有情感的人来说,更应该要善于驾驭自己的行为和情感才对!

生活中,有的人自制力极差,特别冲动。心理学上指出,冲动是一个人在理性不完整时候的心理状态与随之而来的一系列的恶性行为,打架斗殴、杀人放火都是在自制力不强的情况下发生的。大多数成功者都能够极好地控制自己的情绪和行为。这时,它们的行为和情绪已经不仅仅是一种身体本能的表达,更是一种生存的智慧。如果你难以控制自己的情绪,随心所欲,便可能带来一系列的灾难。如果你自身的情绪控制得很好,则可以帮你化险为夷,甚至可以让你事业腾飞,人生平步青云。

心理学上指出,一个人的自制力受自我的认识水平与动机水平的影响。一个干大事的欲望较为强烈、人生目标较为远大的人,会自觉地抵制各种各样的诱惑,摆脱各种消极情绪的影响。无论他考虑任何问题,都会着眼于事业的进取和长远的目标,从而获得一种控制自己的动力。

维特斯·迈克是一家知名保险公司的经理人,他一生获得的奖牌堆积如山,取得的战绩也极为显赫,这与他"自制"的习惯有着极大的关系。

其实,维特斯在刚开始做保险时,也曾遭受了万千次的羞辱,但是无论别人如何对他,他总能保持镇定,不急不躁,以笑脸相迎。正是他的这

第八章
什么造就了你的习惯

种乐观、积极的人生态度，让他赢得了众多客户的青睐。

在一次记者会上，他说："在几年前的一天，我在一家证券所门口，发现一位穿黑大衣的中年人。心想这位'大哥'应该用得着医疗意外保险。于是，就决定在门口等他。

"快到中午的时候，那位黑衣大哥果然缓步下楼，我立刻前去递名片，问道：'你要保险吗？'那个人则顺手拿起名片，将嘴里的槟榔汁吐在上面，随手一撕丢在地上，顺便附上一句骂人的脏话。我当时有些气愤，没有与对方争执，只能这样安慰自己道：'将来拿我名片的人肯定会有福气的。'"

迈克称自己的脾气其实并不好，之所以能承受数以万计的白眼、怒骂与轻视的主要原因，是因为他认定自己从事的是爱心传递工作。他的父母晚年经常卧病在床，医疗费几乎拖垮全家，他不能让别人也承受这样的痛苦。秉持工作的理念与执着，每当负面情绪涌上心头，他就不断地告诉自己："放下。"

维特斯事业的成功和生活的快乐，无不与他的自制习惯有着密切的关系。美国的情绪管理专家帕德斯指出，平时锻炼自己控制情绪的能力，养成自制的习惯，将对你的生活质量和事业有十分积极的促进作用。可以说，自制力是决定一个人能否成功的关键因素，那么你该如何培养自制力呢？

首先，要培养自制力，就要培养坚定和顽强的意志。无论什么东西和事情，只要意识到它不对或不好，就要坚决克制，绝不让步与迁就。

其次，对已经做出的决定，要坚定不移地付诸行动，决不轻易改变和放弃。如果执行决定过程中半途而废，就会严重地削弱自己的自制力。

再次，就是在受到不好的刺激时，可以先想点或者干点别的。如俄国著名作家屠格涅夫劝人将要吵架时，可以先让舌头在嘴里转上10圈，或者让自己在原地转10圈，然后提醒自己。

09. 自验预言：极具魔力的消极预言

不知你是否有这样的经验：心中所想就如预期一般应验了。例如你觉得自己肯定不能把功课学好，后来果然像之前预想的一样，学得一塌糊涂；你认为自己不能把某项工作做好，结果真的把工作搞砸了；上台演讲时你忐忑不安，心想自己会发挥失常，随后你果真演讲得磕磕绊绊，表现得无比糟糕；参加某次宴会时，你认为自己会受到冷落，结果真的没有什么人理会你等等。这些情形就像鲁迅描述的那样"因为常见些但愿不如所料，以为未必竟如所料的事，却每每恰如所料的起来"，这种思维习惯或思维方式就叫作"自验预言"。

"自验预言"顾名思义就是自己验证自己预测会出现的情况，这种验证当然不会是纯粹的巧合，而是存在一定的因果关系。你之所以功课亮起红灯，不是因为你预言准确，而是因为你在自验预言的消极思维影响下，不知不觉影响了在功课上的正常发挥；你之所以把工作搞砸也与预言无关，而是自验预言的思维影响了你的工作状态；你之所以演讲失败也跟预言没有任何直接关系，同样是因为受到自验预言思维的影响而使自己发挥失常；你在宴会上受冷落也不是因为自己做出了相同的预测，而是因为你的想法导致你郁郁寡欢、不愿与他人热情交流，别人自然会因此而疏远你。

事实上，你并没有预知未来的能力，那些消极的结果之所以能验证你的预测，是你自己一手促成的。自验预言在某些情况下会变成摧垮你的利器，因为你会因为坚信消极的观点而使其变成现实。在情感关系中，自验预言的破坏力同样是巨大的，当你认为自己和情人关系大不如前，并预言你们关系不能长远时，就会因为各种事情而频繁吵架，最终导致两个人不欢而散。

艾米丽是个害羞的姑娘，她不像姐姐那样优秀，既没有漂亮的成绩

第八章
什么造就了你的习惯

单,也没有过人的才华。她经常对自己的未来作出消极的预测,有一次她预言自己至少会有一门功课不及格,考卷发下来之后她果然有两门科目亮起了红灯,还有一次她预言自己会在学校组织的歌唱表演中出丑,结果她当真在表演时当场破音。

长大后,艾米丽成为了一名舞蹈老师,她曾预言自己会在课堂上跌倒出糗,预言再次应验了。有一天她在完成一个颇有难度的舞蹈动作时真的跌倒了。后来她陷入了热恋,她认为男朋友并不懂得欣赏她,并预言两个人的关系早晚会终结,当男朋友因为忙于工作有一天晚上忘记给她打电话时,她觉得这便是自己被怠慢的证据,又有一次男朋友没有对她新做的发型予以赞美,她便认为男朋友挑剔她的外貌。男朋友受不了她过激的反应,最终与她分道扬镳,她害怕的预言再一次变成了现实。

艾米丽显然是自验预言思维的受害者,可悲的是她并不知道是她的消极思维促成了预言的实现,反而误以为自己是个不走运的预言家。其实像艾米丽一样,习惯运用自验预言思维思考问题的大有人在,那么人们为什么要验证自己的消极预言呢?这是因为当自我观念得到验证时,人便能得到一种心理上的稳定感,所以即使人们对自己的未来做出了消极的预测,也会用自我行为来实践那些预言。

自验预言常促成事情向坏的方向发展,一个病人如果预言自己的病情会加重,由于心情忧郁、身体对病魔的抵抗力下降等原因,他的病情确实会加重;一名学生预言自己毕不了业,由于过于焦虑耽误了正常学习,那么他真有可能荒废了学业;一名职员预言自己完成不了工作目标,由于状态不佳,他确实可能无法如期完成工作目标;一个不善与他人交流的人预言自己将和朋友断交、和情侣劳燕分飞,那么这些预言极有可能成真。可见,自验预言无疑是一种自毁式思维,你必须改变这种错误的思考习惯,那么具体应该怎么做呢?

(1) **变消极预言为积极预言。**

如果你习惯预测未来,那么为什么一定要作出消极的预言呢?既然预

言成真的概率很高，因为你有践行这些预言的倾向，那么为什么不尝试作出积极的预言呢？试想一下，把所有消极的预言都变成积极的预言，你的未来就会变成另一番面貌。放弃那些消极的预言吧，从现在开始，只做积极的预测，未来就会朝另一个方向发展。

（2）培养乐观的心态，积极应对每一天的生活。

经常对未来做消极预测的人，无疑是悲观的，只有悲观的人才会有这样自毁式的思考模式，要从根本上打败自验预言的思维方式，最有效的解决办法就是让自己拥有乐观的心态，当你变得非常乐观时，便会以积极的心态看待未来，那么就不可能对明天作出各种消极的预测了。

（3）弄清自验预言和结果的关系，改变对自验预言的看法。

很多具有自验预言思维的人根本不明白自验预言和结果是因果关系，反而坚信自己的预测准确无误，这种观点显然是错误的，如果不能被及时地纠正过来，就不能阻止自验预言对自己继续施加消极影响。你必须明白是你的消极思维影响了你的行为，而你的行为最终促成了预言中的结果，不是你预言得准确，而是你促使事情向想象中的轨迹发展。充分了解其中的因果关系之后，你就能彻底颠覆以往对自验预言的看法，摆脱这种有害思维就指日可待了。

10. 注重细节：不拘小节，难成大事

人们常说："小心驶得万年船。"而管理者都知道，成功一百次还是要小心，因为只要一次失败就会将前面的成功化为乌有。在心理学上，人们把这种情况叫作"100－1＝0 定律"。

"100－1＝0 定律"最早是由监狱管理者提出的。他们认为，无论一个监狱管理者工作完成的如何出色，都属于分内之事。但是，如果众多的犯

第八章
什么造就了你的习惯

人中逃掉了一个,就属于严重失职,之前的成绩也就一笔勾销。这就要求我们在处理每一件事情时都打起十二分的精神,做到万无一失。

许多人不懂得"100－1＝0定律",认为小事无足轻重,不足以影响大事,更不足以成就大事。事实上,任何一件事情要想做得完美,其中都以一些小事作为基础,并起着关键作用;而任何一个问题的解决,都有一件小事起着举足轻重的作用。

东汉时有一少年名叫陈蕃,他饱读诗书,自命不凡,一心只想干大事业。一天,他的一位朋友,薛勤来访,见他居住的屋子里龌龊不堪,便对他说:"孺子何不洒扫以待宾客?"他答道"大丈夫处世,当扫天下,安事一屋?"薛勤反问道:"一屋不扫,何以扫天下?"这下让陈蕃无言以对,感到惭愧。

所以,不论是为了避免失败,还是为了获得成功,我们都必须重视"100－1＝0定律"。因为天下大事必作于细,天下难事必作于易。老子云:"合抱之木,生于毫末;九层之台,起于累土;千里之行,始于足下。"

曾经有一艘满载货物的商船,在准备扬帆起航时,却发现船上有一只小老鼠。发现老鼠的正是管理货仓的水手。水手立即把这一情况报告给了船长,并建议船长,先不要开船,等抓住那只老鼠后再重新起锚。

船长当然不会把一个水手的建议放在心上,大笑着说:"年轻人,你这么大的个子,怎么会害怕一只小小的老鼠呢?"

水手回答说:"船长先生,我不是怕老鼠,而是担心这只老鼠咬坏了我们的船,所以还是建议您命令全船抓住这只老鼠。"

船长听了水手的话,恼怒地说道:"一只小小的老鼠怎么可能咬穿我的船底?"同时看了水手一眼,接着说道:"年轻人,我有40年的航海经验,我在海上待的时间,比你的人生还要长呢!"

"可是,我还是觉得应该先抓住老鼠,然后再开船。这样我们的船才能够安全。"水手再一次请求道。

"不要再说了！我是绝不会为了一只老鼠耽误我们起航的时间的。"船长坚决地说道："再说，要想抓住那只老鼠，我们必须要先卸掉所有的货物，船上的人还不笑话我小题大做！"说罢，船长下令起锚，水手们也只好扬帆起航了。

2个多月过去了，这只商船还在海上航行着。有一天，海上起了巨大的风浪，那位管理仓库的船员知道大事不好，赶紧把一个救生圈绑在自己身上，而且建议其他船员也这样做。

船长看见了，一面嘲笑他贪生怕死，一面呵斥他动摇军心。正在这时，船长突然发现自己的船舱里积满了水，船身也开始下沉。原来，起航时的那只小老鼠，早已把船底咬穿，海水灌进了船舱。

最后自负的船长和他的货船自然以悲剧结尾，而那位管理货仓的水手，成了这次事故中唯一的幸存者。

故事中的船长因为只想到船只的坚固和巨大，所以忽视了货仓里的老鼠，最后正是这只老鼠让他船毁人亡。由此可见，因为自负而忽视细节的人，往往尝尽人生失败的苦果。生活中，虽然并不是所有的小事都能决定成败，但只有重视每一件小事，才能为做好大事打下坚实的基础。

有人觉得"100－1＝0定律"过于残酷，但是事实往往就是如此。生活中的很多失败者并非一无是处，他们的失败往往就是因为轻视了身边的细节，结果一招走错，满盘皆输。能够谨小慎微的人明白"差之毫厘，谬之千里"的教训，所以他们对于一切都坚持一种严谨的态度。但是，生活中很多人总是自命不凡，工作中不重视细节，生活中更是对细小的事视而不见。如果有人给我们以善意的提醒，我们反而会将"成大事者不拘小节"挂在嘴边，用以应付塞责。直到有一天，才发现自己被不拘小节给毁了，才从自满的梦中惊醒过来。与其如此，倒不如将注重细节当成一种习惯，这样才不至于因一时的疏忽而耽误大事。

第九章
什么在左右你的姻缘

生活中,很多人都会为"情"所困:年龄大了还是找不到合适的伴侣;有了爱人,但却因为生活的琐事或意见的分歧而分道扬镳;虽然成了家,但发现自己的爱人与当初相爱时完全是两副面孔,于是心生不甘;婚前甜言蜜语、如胶似漆,但婚后则争吵不断、矛盾连连……那么,究竟是什么在左右你的姻缘呢?本章从恋爱的基本历程、男人与女人之间的不同心理等方面去分析,解答爱情困惑、姻缘的奇妙等等,让人在了解和懂得爱的同时,更和谐地与自己的另一半相处,缔造幸福的婚姻生活。

01. 麦穗原理：每个人都不可能遇到十全十美的爱人

每个人都希望在茫茫人海中找到自己的真爱，每个人又会在寻寻觅觅中错过很多。那么，究竟怎样让自己找到理想的爱人呢？早在古希腊时期，苏格拉底就用"麦穗定律"回答了这个问题。

爱情其实就是一个充实饱满的过程，花儿盛开时，我们去欣赏它；花儿凋谢了，我们去寻找下一朵。"麦穗定律"告诉我们，不要为了错过的缘分而懊恼，对于眼前的缘分要珍惜。爱情总有起风的清晨，总有暖和的午后，总有绚烂的黄昏，总有流星的夜晚。我们不必为失去的懊悔，我们只要把握好生活的每一个瞬间，去面对每一个昨天、今天和明天，你就会看到沿途美好的风景。

有一天，苏格拉底的弟子柏拉图问他："老师，什么是爱情呢？"

苏格拉底指着面前的一片麦田说："我请你穿越这片麦田，去摘一株最大最金黄的麦穗回来。但是有个规则，你只能往前走，不能走回头路，而且只能摘一次。"

于是，柏拉图照苏格拉底的话去做了，许久之后，他却空着手回来了。

苏格拉底问："你怎么空手回来呢？"

弟子柏拉图说道"当我走在田间，曾看到过几株特别大特别灿烂的麦穗，可是，我总想着前面也许会有更大更好的，于是就没有摘。但是，我继续走的时候，看到的麦穗，又觉得还不如先前看到的好，所以……"

苏格拉底意味深长地说："这就是爱情。它只是一个行走的过程，最终，得到的只是一种回忆。"

第九章
什么在左右你的姻缘

有一天,苏格拉底的弟子柏拉图问他:"老师,什么是婚姻呢?"

苏格拉底转过身,用手指着眼前的树林说:"我请你穿越树林,去砍一棵最粗最结实的树回来。但是有个规则,你只能往前走,不能走回头路,而且只能砍一次。"

柏拉图照苏格拉底的话去做了,许久之后,他带了一棵并不算最高大粗壮却也不赖的树回来。

苏格拉底问:"你怎么只砍了这样一棵树呢?"

弟子柏拉图说道:"当我穿越树林,看到几棵非常好的树,这次我吸取了上次摘麦穗的教训,看到这棵树还不错,就选它了。我怕我不选它,就又会错过了砍树的机会而空手而归,尽管它并不是我碰见的最棒的一棵。"

苏格拉底意味深长地说:"这就是婚姻。它不一定是最好的,却可能是最适合你的,既然选择了它,就要对它负起应有的责任!"

有一天,苏格拉底的弟子柏拉图问他:"老师,什么是幸福呢?"

苏格拉底指着前面的一片田野说:"我请你穿越这片田野,去采一朵最美丽的花,但是有个规则,你只能往前走,不能走回头路,而且只能采一次。"

柏拉图照苏格拉底的话去做了,许久之后,他捧着一朵还算比较美的花回来。

苏格拉底问:"这就是最美丽的花吗?"

弟子柏拉图说道:"当我穿越田野,我看到了这朵美丽的花,我就摘下了它。我告诉自己,要坚信手中的这朵花就是最美的。当然,我后来又看见很多很美丽的花,但我依然坚持,认定我这朵最美,不再动摇。所以,现在,我把最美丽的花带来了。"

苏格拉底意味深长地说:"这就是幸福。只要用心去体会,生活中到处都有。"

有一天，苏格拉底的弟子柏拉图问他："老师，什么是艳遇呢？"

苏格拉底说："你再到树林走一次吧，去摘一枝最好看的花，这次没有规则，只要最后带一枝回来就可以了。"

几小时后，柏拉图带回了一支颜色艳丽但稍显枯萎的花。

苏格拉底问："这就是你反复挑选之后，带回的最好的花吗？"

弟子柏拉图回答："我找了很久，发觉这是盛开得最大最好的花，但我采下带回来的路上，它就逐渐枯萎了，就像您看到的这样。我想，大概是我采下它的时候，它已经盛开到了极限，所以……"

苏格拉底说："这就是艳遇。看着很美好，实际已经枯萎了。"

有一天，苏格拉底的弟子柏拉图问他："老师，究竟什么是生活呢？"

苏格拉底说："不如你再到树林走一次吧，去摘一枝最好看的花，仍然没有规则，带一枝回来就可以。"

柏拉图照苏格拉底的话去做了，过了3天3夜，他也没有回来。

苏格拉底走进树林去找他，发现他竟在树林里扎起帐篷。苏格拉底问："你还没有找到最好看的花么？"

弟子柏拉图指着帐篷边上的一朵花说："这就是最好看的花。"

苏格拉底问："为什么不把它带出去呢？"

柏拉图回答："老师，如果我把它摘下来，它马上就枯萎了。"

苏格拉底问："你以为你不摘，它就不会枯萎了？"

柏拉图回答："我知道，即使我不摘它，它也迟早会枯。所以，我要在它还盛开的时候，守在它边上，欣赏它最美的样子。"

苏格拉底问："那它凋谢了呢？"

柏拉图回答："等它凋谢的时候，我会欣然离开，去找下一朵。"

这时，苏格拉底满足地笑了："你已经懂得生活的真谛了。"

七彩的生活，七彩的人生，不需要任何调味品，只需用心灵去感受生活，品味生活，把生活的每一章，用最无憾的话语记录下来，你会发现人

第九章
什么在左右你的姻缘

生中有太多的真谛需要我们领悟，比如如何在茫茫人海中找到自己的爱人，又如何在芸芸众生中进行取舍。

一天，一位青年找到智者，问他说："恋爱中，我究竟该找一个我爱的人做妻子，还是找一个爱我的人做妻子呢？"

智者笑了笑说："这个问题其实在你自己的心底。这么多年来，你爱得死去活来，能让你感觉到生活无限充实的，能让你抬头挺胸不断往前走的，是你爱的人，还是爱你的人呢？"

青年人也笑了笑说："周围的朋友都建议我说，应该找一个爱我的人做我的妻子。你是怎么看的呢？"

智者说："如果真是那样的话，你的一生就注定会碌碌无为！因为你选择一个爱你的人，就会停滞你自我完善的脚步了——"

还没等智者说完，青年立即抢过智者的话："那我要是追到了我爱的人呢？和她结婚，会不会就完美了呢？"

智者说："因为她是你最爱的人，让她活得幸福和快乐会被你视作一生中莫大的幸福。所以，你还会为了让她生活得更为幸福而不断地努力。幸福和快乐是没有极限的，所以你的努力也将没有极限，会劳碌一生！"

青年说："如此这样，我的一生不是会活得很辛苦吗？"

智者说："这么多年了，你觉得自己很辛苦吗？"

青年摇了摇头，又笑了，随后又问道："既然这样，那我不是一定要善待爱我的人呢？"

智者摇了摇头，反问他说："你需要你所爱的人去善待你吗？"

青年说："需要。"

智者说："说说你的原因！"

青年说道："我对爱情的要求是苛刻的，那就是我不需要这里面夹杂着太多的同情和怜悯。我要求她是发自内心的真心爱我的，同情、怜悯、宽容和忍让虽然也是一种爱，也会给人带来一定意义上的幸福感。但我对

215

其是深恶痛绝的，它们让爱情产生了杂质。如果这样，我宁愿对方不理睬我，又或者直接拒绝我的爱意，在我还来得及退出的时候。因为爱情会让人越陷越深，绝望比希望来得更为实在一些。因为绝望的痛是一刹那的，而希望的痛则是无期限的。"

智者却笑了，说道："很好，你已经说出了真爱的答案！"接着对青年说道："不管你选择爱你的人，还是选择你爱的人，真正的爱情都是无欲无求的，都没有那么累！"

青年接着问："在这样的一个时代，在这样的社会中，如我这样辛苦地去爱一个人，是否值得呢？"

智者笑着说道："你自己以为呢？"

青年想了又想，却无言以对。

智者也沉默了一会儿，终于开口道："路既然是自己选择的，不管选择'我爱的人'，还是'爱我的人'，都会赋予生命一个极美丽的过程，无论你选择什么，只要真爱在，便不会感觉到累。在爱情面前，无论你选择什么，无论结果怎么样，都不要去怨天尤人，只要做到无怨无悔即可！"

青年恍然大悟，连忙向智者点了点头。

智者长吁了一口气，知道青年已经完全听懂了，就用极为坚定的目光看了他一眼，然后语重心长地说道："在千万年之中，于万千人之间，时间无涯的荒野里，遇到自己所要遇到的人，这本身就是一种奢求、一种幸福。喜欢一样东西，就要学会欣赏它、珍惜它，使它更弥足珍贵。喜欢一个人，就要让他快乐、让他幸福，使那份感情更真挚。在你的人生中，真正爱你的人会是谁？如果你的生命中出现了一个能为你痴心等待，并且无怨无悔付出一生的人，那么请你一定要抓紧对方的手。爱情有时候不需要所谓的山盟海誓，只是需要一个在你困苦、迷惑时却依旧能够微笑着站在你背后的人。"

青年满心怀喜地离开了。

婚姻爱情，是一个历久不衰的生活话题。在爱情中徘徊，我们总会纠结于该选择"爱我的人"还是"我爱的人"。"麦穗定律"却告诉我们：不管选择"我爱的人"，还是"爱我的人"，都会赋予生命一个极美丽的过程，无论你选择什么，无论结果怎样，只要做到无怨无悔即可。真正的爱情是无欲无求的，真正的爱情也是不累的，即使是一味地付出，也是极为甜蜜的。

"麦穗定律"告诉我们，对爱情有完美的憧憬是很好的，但在现实当中，要客观分析现实，把自己头脑中的想象具体到现实中来，也就是说，要清楚什么是自己想要的，没有达成目标时，不要苟且，不要降低条件。

02. 得不到是"无价宝"，到手了就变"稻草"

人生中最宝贵的是什么？既非古董珠宝，又非钻石股票。其实，人生中宝贵的是我们身边的家人。但是，很多人却为了追求有形的财富而忽略了亲情的价值，这就是家庭心理学中"价值定律"的体现。

所谓"价值定律"是指人们往往很重视自己所追求事物的价值，但是对于自己已经得到事物的价值反而会忽略。比如人们往往牺牲陪伴家人的时间去工作，结果得到了升职却错过了幸福。

"什么是幸福？"是很多人都在问的一个问题。其实，生病时，有人端来一碗热汤，这就是幸福；摔倒时，有人伸出双手搀扶一把，这就是幸福；伤心时，有人愿意坐在旁边听你轻声哭泣，这就是幸福。一个时时刻刻被家人关心的人，就是幸福的人。这种幸福，比黄金更珍贵，比钻石更耀眼，它可以将冰山融化，可以将整个黑夜照亮。

一个独身的富翁喝醉了，被人送到豪宅门口，送他的人说："你到家了。"富翁却说："家？家在哪里？那不过是一幢房子，不是家。"亲情是最难能可贵的，是需要经营的，单靠血缘关系的维持，并不能拉近彼此的距离。亲人需要的，是你关心的问候、全力的支持，以及随时随地关注的目光。对亲情的渴望，是每个人心底最真切的呼唤。当一个人四面楚歌时，亲人的支持能带给他无穷的力量，让他有勇气战胜一切困难。

生活中，我们往往将精力放在追逐物质生活的富足，为了工作而错过了父母的生日，为了加班而忘记了结婚纪念日，为了陪客户而没时间陪儿女。正是因为不懂得"价值定律"，我们才每每与幸福擦肩而过。但是，作为亿万富翁的巴菲特却认为，衡量一个人是否成功的标准，不是他有多少钱，而是有多少人真正关心你。

一个经商的朋友给我讲述他年轻时候的经历，说自己能够有今天的成就，完全是因为自己学会了不害怕。而自己之所以能够不害怕，完全是因为他妻子的开导。

这位朋友年轻的时候生意曾经严重亏损，终日在家里愁眉不展。

"亲爱的，你这是怎么了？"他的妻子看到丈夫的处境，关切地问道。

于是这位朋友也就无意隐瞒，将自己生意上的遭遇全部告诉了妻子，并且告诉妻子，自己的公司已经宣告破产，家里所有的财产明天就要被法院查封。

谁知妻子非但没有被这突如其来的坏消息吓住，反而笑容可掬地问道："亲爱的，法院查封了你的身体吗？"

"没有！"那位朋友对妻子的问题很不解，但是依旧满脸阴云。

"那么，亲爱的，法院查封了你的妻子吗？"妻子进一步问道。

"没有！"那位朋友拭去了眼角的泪，更加不解妻子的问题。

"那么，孩子们呢？法院有没有查封他们？"妻子还是不停地发问。

"没有！他们还小，生意上的事是不会牵扯到他们的！"那位朋友被问得有些焦急了。

第九章
什么在左右你的姻缘

"原来是这样,那么你的说法是不准确的喽。你还有一个支持你的妻子以及一群有希望的孩子,怎么能说家里所有的财产都要被法院查封呢?"妻子见自己的丈夫眼里又闪烁起了光芒,接着说道:"亲爱的,你已经在生意场上历练了多年,有丰富的经验,同时还拥有健康的身体和灵活的头脑。你为什么这么悲观呢?"

这位朋友听了妻子的话,马上从失败和恐惧的阴霾中走了出来,自信地说道:"让法院来查封好了,所有失去的金钱,以后还可以再赚回来的。我最宝贵的财富一直都在我的身边!"

这位朋友凭借妻子的鼓励和自己的努力很快东山再起,而且在之后的起起伏伏中,一直保持着一颗平和的心。

这位经商的朋友,开始之所以愁眉不展,是因为放不下生活中一时的得失,因而心生恐惧,难得解脱。后来,终于在妻子的启发下,明白了自己真正的幸福,原来一直就在眼前。

所以,我们不要再忽略身边的幸福,不再被"价值定律"所束缚。因为家庭中的每个人都渴望被关心,都想体会被人捧在手心里的感觉,可有时却觉得自己像天空中的孤雁,哀鸣的叹息,换不回伙伴的回归。而每个人的记忆深处都珍藏着一幅被人关心的温馨画面,每每想起,心里就暖暖的,很舒服。这种奇妙的感觉,让你在风雨中看到彩虹,在绝望中看到希望,激励你不断进取,不断奋进。

家庭心理学中的"价值定律"告诉我们,哪怕我们掌握了全世界的财富,也无法替代家里人的一丝亲情。亲情是什么?亲情是"马上相逢无纸笔,凭君侍语报平安"的嘱咐,是"临行密密缝,意恐迟迟归"的牵挂,是"来日倚窗前,寒梅著花未"的思念,是"雨中黄叶树,灯下白头人"的守候。亲情是我们与生俱来的重要情感之一,没有了亲情,人就好像没有了根,飘飘荡荡找不到自己的归宿。所以,让我们不要忽视自己身边最有价值的东西,学会珍惜自己身边的亲情。

03. 互补定律：每个人都是一个缺角的圆

漫步在大街上，我们常常能看到一些不和谐的景象：比如前面一位亭亭玉立、相貌可人的大美女，挽着一位又矮又矬的男子；一名高大英俊的帅哥，旁边站着一个其貌不扬的女朋友。这是为什么呢？心理学家认为这种现象没有什么可大惊小怪的，它所遵循的不过是男女之间的互补定律罢了。

互补定律指的是人们希望通过另一半补全自己的一种心理。每个人在单身时都是一个不完整的圆，所以希望异性能补全自己残缺的一角，让自己成为一个完美的圆。这就是表面看起来不协调不搭调的男男女女最终走到一起的原因。在互补定律的作用下，恋爱双方对于自己缺乏的东西有一种强烈饥渴的心理，而对于自己已经具备和拥有的东西反倒一点也不重视了。所以漂亮的女孩和俊美的男子通常会选择一个相貌平庸但却有才华有内涵的异性，而貌不惊人的女人和男人在外表出众的异性面前则会失去免疫力。

在爱情上，双方相貌上的互补只是一种表象，性格上的互补才能更深入地揭示互补定律的本质。其实男女本身就是互补的，男人阳刚豪迈，可以给予女人最起码的安全感；女人温柔甜美，能激发男人作为护花使者的保护欲。但性别并不能完全主导性格，俗话说得好：男人的一半是女人，女人的一半是男人。一般而言，控制欲和支配欲很强的未必是男人，依赖感很强也未必是女人，女人可以很强势，而男人也可以很温柔，雷厉风行的女强人和比较黏人的暖男组建家庭以后，往往能各取所需，通常会过得比较幸福。互补定律最大的好处是通过婚恋形式补全了自己的人生。比如

第九章
什么在左右你的姻缘

一个沉默呆板的男人如果娶了一个热情活泼的妻子,生活里就会平添很多欢笑和乐趣。所以说,互补定律,让男男女女在对方身上找到了一种微妙的平衡,使得自己的人生日臻完美。

蒋英与钱学森的爱情曾被称为艺术与科学的结合,他们一个是杰出的声乐教育家,一个是被誉为"中国导弹之父"的著名科学家,一个浪漫多情,一个严谨刻板,堪称是互补型结合的典范。

由于钱蒋两家交情深厚,钱家又非常喜欢女孩,蒋英很小的时候就被寄养到了钱家,钱学森和蒋英青梅竹马一起长大。蒋英回到了自己家以后,时常跟随父母看望钱家人。不知不觉中,钱学森长大了,变成了一个有理想有志向的青年,而蒋英也出落成了一个亭亭玉立的少女。渐渐地,钱学森对这个喜欢说笑的小妹产生了别样的情愫,不止一次地对她说她笑起来的样子很美。由于不擅长表达,蒋英一直没有猜透他的心思。后来两人都因为学业奔波异国他乡,一个在美国学习航空工程,一个在德国学习音乐,他们的人生轨迹隔空错开了。直到两人双双归国,他们的人生才又有了交集。

蒋英回国后在上海兰心大剧院举办了一场盛大的个人演唱会,她一出场就惊艳四座,凭借着无与伦比的精湛表演征服了台下所有的观众,连钱学森也被那优美的歌声迷住了。演唱会一结束,他就主动找机会到蒋英家里做客。不过周围的人并不知道钱学森已经有意中人了,曾一度热心地帮钱学森介绍女朋友,后来才发现钱学森只对蒋英一个人有情意,就不再乱点鸳鸯谱了。

回国探亲的时限到了,钱学森又要远渡重洋回美国了,临走前他终于鼓足勇气对蒋英说:"跟我一起去美国吧。"蒋英是个冰雪聪明的姑娘,一听便明白了对方的心意。不过她似乎对钱学森含蓄而笨拙的表达不是十分满意,就故意逗弄他说:"我为什么一定要跟你去美国?咱们还是通信往来吧。"钱学森是理工科出身,不擅长表露自己的情感,急得不知说什么

好,只是反反复复地重复同一句话:"不行,我们现在就一起走。"蒋英知道他是认真的,很为他的痴情感动,就放下了女孩所有的矜持,答应了他的请求。不久,两人就结为了伉俪。

钱学森送给蒋英的第一份礼物是一架德国制造的三角钢琴,这个并不怎么懂得浪漫的丈夫,在新婚之后也变得温存体贴起来。这架钢琴陪伴了他们夫妻60余载,见证了他们半个多世纪的不朽爱情。

在我们的固有印象中,志趣相投、性格相似的人更容易走到一起,因为他们可以把彼此视为知己。其实性格、气质反差较大的人也能彼此吸引。因为每个人都有显性和隐性两种截然不同的人格,隐性人格又被称为影子人格。譬如沉静的人也有躁动的一面,阳光的人也隐藏着阴郁的一面。当你看到具备自己"影子人格"的异性时,生命里被压抑的某些部分立刻就被唤醒了,所以你会不由自主地爱上对方,随后让自己的"影子人格"显形,从而发展出一个完整的自我。

爱情并没有一个固定的模式,无论性格相似还是性格互补,都能开启一段恋爱生活。不要试图寻找一种一劳永逸的爱情模式,模式只代表了一种可能性,两个人是否能天长地久,并不取决于模式是否正确,而是取决于双方是否懂得珍惜对方,是否能满足对方的情感需要。只有明白这一点,你才能收获一份稳定而持久的爱情。

04. 高原效应:爱情的美酒为何没了味道

张馨与男友在一起已经3年多了,两人经过惊心动魄、牵肠挂肚的热恋之后,有段时间,张馨感到有些精神疲劳,心理上产生一种茫然感和失落感。她很想回到热恋的状态,那种甜蜜和充满激情的爱恋,令她终生难

第九章
什么在左右你的姻缘

忘。但是,每当与男友亲近时,总觉得很失落。觉得男友没有当初那么可爱了,而同时男友也对自己淡淡的,再也体会不到当初的那种被呵护和被宠着的感觉,觉得爱情的美酒突然没有了任何滋味。

张馨的状态便是典型的恋爱中的"高原心理"反应。心理学家认为,恋人出现"高原心理"反应,能够导致恋爱中的男女做出错误的判断,如果不能正确地看待它,就有可能使本来美满的恋爱宣告失败。

在热恋之前,男女双方活动的空间比较大,双方都可以根据自身的兴趣进行自由的活动,使人感到无拘无束,轻松愉快。而热恋之后,又会天天都厮守在一起,使原来的空间相对缩小,活动方式也相对改变。这种改变使人的心理失去平衡,产生不适感,感到压抑沉重。这个时候,人们就会把这种不愉快的情绪向外投射,以减轻自我的心理压力。而恋爱时期的双方都是非常敏感的,彼此有一点点的变化都能够感受到,产生具体的放大效应,如此这样便会冲淡恋人之间的感情,削弱相互间的亲和力,"高原心理"便在不知不觉间产生了。

另外,男女双方在恋爱之前,双方社交范围极广,精神生活极为丰富,而恋爱之后,出于对对方的"忠贞",或者在"爱情专一""爱情是自私的"等观念的制约下减少了交往对象,缩小了交往范围。这就使他们的精神生活相对贫乏、空虚,恋人之间易产生一种厌倦情绪。

同时,男女双方在恋爱中,对彼此的期望值是很高的,他们总是幻想着爱情能让他们摆脱痛苦、孤独,爱情是获得快乐和幸福的灵丹妙药。但是热恋过后,却发现爱情不如他们想象的那般美妙,甚至还会因为恋爱不顺利生出诸多的烦恼。再而,恋爱中的男女,其心理承受能力都是极差的,稍有不愉快就会倍感难受。这也是恋爱"高原心理"产生的又一原因。

当然,男人和女人爱情观上的差异,也是造成恋爱"高原心理"反应的主要原因。一般而言,女人把追求看成爱情,注重恋爱过程中的浪漫,而男人却以为不必再追求的才是爱。男人对待感情可分为两个阶段，在追求的过程中，男人不乏柔情蜜意，对所爱的人爱护备至，对小节也十分注意，一旦发现对方已经爱上自己，男人便会将对爱情的渴望转变为相互的信任。

当然，要预防恋爱高原反应，也不是没有办法的，那就是双方在恋爱的时候，一定不要表现得过于亲密，不要天天黏在一起，双方都尽力不要因爱情而失去自我，同时，也要保持一定的距离，不处处以对方为中心。

心理学家告诫恋爱中的男女，过于亲密对爱情并无帮助，也剥夺了慢慢了解一个人的乐趣，保留自我独立的空间，给爱情以新鲜空气，便可以巩固彼此间的感情，维持个人的兴趣，更能够彼此交换、增添情趣。

05. 依赖心理：幸福不是别人给的

爱情的美好让无数人为之疯狂，爱可以穿越时间、地点，甚至能永恒。当年轻人得到爱情的时候会发现，对方就是自己的全部，对方的开心就是自己的开心，会以对方为自己的全部。这种现象便是爱情中的"依赖心理"。这种心理具体是指，相爱的双方走到一起后，会产生相依相偎的情愫，以填补双方各自内心的空虚感和孤独感。

在爱情中，适当的"依赖心理"可以使双方心灵相互依存，相互保护，使爱情或婚姻在相互依赖中变得和谐。但是如果婚恋中一方如果太过依赖另一方，那么就很容易使恋爱或婚姻失去平衡。另外，当一个人倾尽全力将自己的爱赋予对方时，就会因为"依赖心理"而迷失自己。

他们在一起已经五年了，她一直扮演着为爱情付出的角色。她疯狂地爱那个他，浓浓的爱能把他淹没。她把以前的闺蜜和自己的兴趣都放弃

第九章
什么在左右你的姻缘

了,缩在自己的小家庭里,为爱全情付出。他们的生活从来都是她一手打理,他什么都不用担心。每天她变着花样为他做好吃的,就连吃饭她都给他夹最好吃的菜;购物时,她从来都不会忘记给他买一份礼物,她习惯按他的眼光判断事情,也常常为他的言行举止而感到自豪。渐渐地,她在他的阴影下迷失了自己。

"我愿意为你,我愿意为你,忘记我姓名,失去世界也不可惜。"王菲的《我愿意》是她最喜欢的一首歌,这首歌唱出了她的心声,她在全情的付出中体会着幸福。她本以为自己的付出是伟大的,所有一切都只是因为真爱,但她实在是忽略了人的本性——所有的付出都是要求回报的。

一旦,男人辜负了她的爱和她的付出时,伤心欲绝的她跟所有世俗的女人一样,憎恨男人无情,后悔自己的付出白白浪费,所有的付出一文不值,还让自己落得狼狈不堪。

生活中,很多人认为只有时刻将自己所爱的人放在最重要的位置,才是最真挚的爱情,不在乎自己的付出,甚至愿意牺牲自我。那么你是否想过,当你放弃了真正的自我,全身心地为别人而活的时候,你真的享受到了爱情的快乐吗?

生活的经验告诉我们,遇事要理智。"依赖心理"的教训告诉我们,对待爱情也一样要保留自己的底线,不能为了对方而失去自我,否则你尝到的只有苦涩。你可以深爱对方,但是绝不能因为这份爱而影响自己,因为当你失去了最独特的自我时,也就真的失去了被爱资格。太激烈的爱,就好比飞蛾扑火,虽然壮美却转瞬即逝,留不下丝毫痕迹。一旦爱情开始褪色,一切美好都成为过去,你该如何面对那一地的狼藉?

明白了"依赖心理"的危害就不要把自己的付出看作伟大,也许你只是在感动着自己。一位心理学家指出,最佳的爱情状态就像是两个有重叠部分的圆:有共同的兴趣和共同的话题,在某些事情上能达成一致,能互相理解和支持。同时,还要确保有各自的空间做自己喜欢的事情。而最糟

糕的爱情就像是两个完全重合的圆，里面塞满了各种线条，代表爱情中两个人无时无刻都形影不离地黏在一起，这样最后总有一方会产生厌倦。

关于友谊，古人说"君子之交淡如水"。其实，人与人之间的关系往往是复杂而微妙的，爱情也一样。爱情就好比甜点，太浓烈就会让人腻；而平淡如白开水一般的爱情，反倒能细水长流。"依赖心理"告诉我们：当你将所有的注意力全都放在了对方身上，就会像一支蜡烛，奋不顾身地燃烧，最后却什么都留不下。所以，我们要经营好爱情，就要学会适当地给彼此留一些独立空间，这样的爱情才能长久。

06. 过度理由效应：不要对恋人的关爱熟视无睹

生活中有一种奇怪的现象，很多人因为陌生人的嘘寒问暖而感动，对亲人、恋人的付出却表现得格外麻木。这是为什么呢？心理学家指出，这是过度理由效应在作怪。过度理由效应是指人们试图让自己和别人的行为看起来合乎常理，并为该行为寻找背后的原因，一旦找到了显而易见的外部原因，就不会再探求内部原因了。亲人和恋人爱护我们，是因为和我们关系亲密，这就是最恰当的外部理由，因此我们不会把他们想象得多么富有爱心，但陌生人就不能用"亲戚""伴侣"这样的外部理由解释他们的行为，所以我们会将其归结为内在品质的原因。

过度理由效应的提出者是美国心理学家德西，他曾经用实验的方法验证了自己的理论。实验分三阶段进行，以解题的方式测试大学生的智力。第一阶段，让学生在没有奖励刺激的情况下解题。第二阶段，把学生分成了两组，其中一组每解完一道题就能得到1美元奖励，另一组则没有。第三阶段，让学生们自己安排休息时间。结果表明，获得奖励的学生解题时

第九章
什么在左右你的姻缘

表现得更为积极，但在第三阶段却对解题失去了兴趣。由此可见，人在从事某件事情的时候，内在的动机才是持久的，外部刺激的效果是短期的，奖励越多，人对奖励的需求就会越大。

在恋爱关系中，过度理由效应对感情的损害非常大。无论伴侣为我们付出了多少，我们都不会将其解读为"爱"和"关心"，而只是把它视为"责任和义务"罢了，且会渐渐习以为常。两个人刚刚交往时，我们还会为对方端来的一杯热牛奶或是一碗白粥而感动，时间久了，就会以"对方是因为喜欢我才这么做的"为外部理由来解读所有的事情。对方付出越多，我们就渴望得到更多，永远都不会感到满足。伴侣的关爱就如同实验中的外部奖励，它只会助长我们的贪欲，使我们变得越来越冷漠和麻木，根本不能让我们明白什么叫作珍惜。这对于两性关系来说，无疑是危险的。

在日常生活中，陌生人即便为我们做了一件极小的事情，我们也会心存感激，但对于伴侣给予自己的关怀，我们却从来也不知道感激，仿佛他们所做的一切都是天经地义的一样，只要稍不顺意，我们就有权利向其表达不满。这样做当然会伤害对方的感情，可悲的是我们却对此浑然不觉。过度理由效应提醒我们，我们必须学会珍惜眼前人，不能继续对他们的付出熟视无睹，而要怀着一颗感恩的心与之相处，陪伴他们度过人生最美好的时光。

恋人对我们的关怀点点滴滴都是爱的表达，它无关责任和义务，在这个世界上，任何人都没有义务对我们好。我们绝不能以冷漠回应伴侣的热情，更不能肆意伤害对方的感情，而要学会以爱的方式回馈和温暖他们，不要让他们白白付出。

07. 吊桥效应：心动不代表是真爱

一个人胆战心惊地过吊桥，会由于过度紧张出现心跳加速、掌心出汗的反应，这时若是不经意地抬头，忽然看到了一名异性，便会把刚才的生理反应理解为怦然心动的预兆，从而对对方产生爱慕的情绪，这种现象就是恋爱心理学中的"吊桥反应"。

美国心理学家曾做过这样一项实验：让男性在走过高高的吊桥之后和同一位女性见面，结果有80%的男性对那位女性表现出明显的好感，他们都一致认为对方是一个迷人而又富有魅力的可爱女子。这是为什么呢？心理学家解释说，多数男性在过吊桥时会不由自主地把紧张导致的口渴感、心跳加快等反应解读成生理上的兴奋，误以为自己对那名女性产生了强烈的兴趣。其实，女性在惊险、刺激的环境中，也比较容易对男性产生好感，她们同样会把由于过度恐惧导致的呼吸急促、心跳加速等正常反应看成是春心荡漾的感觉。

吊桥效应反映的是一种判断上的错觉，它不同于一见钟情，由于异性之间心动的感觉是在深陷险境时萌生出来的，所以危险一旦解除，那种意乱情迷的感觉也就不复存在了。比如一对青年男女乘坐同一航班的飞机，半途突发险情，在生与死的考验面前，双方都极度紧张，正视对方时均出现了心跳急促、呼吸紊乱的反应，刹那之间，他们误以为自己被丘比特之箭射中了，情不自禁地喜欢上了对方。可是等到险情解除、飞机安全着陆时，这对男女再互相观察时，彼此之间的吸引力便会大为降低，他们甚至难以理解，自己为什么会对眼前这个毫不起眼的人产生兴趣。一般而言，吊桥效应很难成就一段姻缘，因为只要男女双方走下吊桥，那种恋爱的错

第九章
什么在左右你的姻缘

觉也就随之消失了。不过,也有少数人因为吊桥效应成为了情侣,至于两人是否能天长地久,主要是看对于这段感情,双方是怎样维系和经营了。

大文豪海明威曾经有过一段战地爱情,它诞生于第一次世界大战结束前夕。当时他只是一个19岁的毛头小伙子,性格大胆、喜欢冒险,脑海里充满了理想主义的幻想,在战火纷飞的疯狂岁月,他毅然加入了红十字会救护队,风风火火地赶赴意大利战场。但战争不同于浪漫的诗歌,它的残酷性远超出海明威最初的想象。一天他被炮弹击中了,身体受了重伤,在野战医院待了五天后就被送进了医疗条件更好的米兰医院。

海明威饱受伤痛折磨,心中充满恐惧,他担心被炸伤的腿再也不能恢复正常功能了。一连好几天他都昏昏沉沉地睡去。在入院的第二个星期早上,他猛然醒来,看到有位年轻的女护士正站在窗前等着给他量体温测血压。她叫艾格尼丝,年方26岁,个子高挑、身材苗条,梳着一头清爽的栗色短发,由于穿着略微宽大的工作服,乍一看去颇有几分风韵。海明威在一瞬间就迷上了她,觉得她是天底下最漂亮最迷人的姑娘,对其产生了一种说不清道不明的奇特情愫,身体略好一些的时候就对她展开了近乎疯狂的追求。可艾格尼丝只是把海明威当成伤员,所以起初并没有理会他的表白,后来在海明威猛烈的追求攻势下,总算对他的爱做出了一点点反应,两人成了情侣。

后来艾格尼丝被调到了美国驻佛罗伦萨的意大利伤员医院工作,海明威回国了,分别前两人承诺会互相写信。开始时他们通过鸿雁传书互诉衷肠,满怀着对对方的思念和怀恋,可没过多久,艾格尼丝便来信说她即将嫁给那不勒斯的贵族青年。海明威深受打击,由于伤心过度大病了一场,之后他带着一颗受伤的心写了两部影射这段战地浪漫史的小说,以此来祭奠那段随风而逝的感情。

在血与火中诞生的爱情,是一见倾心的真爱,还是仅仅是吊桥效应在起作用呢?恐怕连海明威本人也说不清了。总之他爱上了艾格尼丝,艾格

尼丝也接受了他的感情,这说明危险刺激的环境确实有可能让男女之间擦出爱的火花,但这小小的火花是会继续燃烧还是瞬间熄灭,则是因人而异了。

在刺激情境中邂逅的爱情,多半只是一场幻觉而已。一个模糊的身影也有可能被你解读成惊鸿一瞥,令你心驰神往。这样的爱情不能算作真爱,不要把肾上腺素的飙升误当作恋爱的反应,一个人坐过山车也能出现脸红心跳、呼吸紊乱的症状,不过那时你可并没有爱上任何人。要正确认识吊桥效应,不要盲目地去爱,这样就能避免许多不必要的伤害。

08. 契可尼效应:初恋因何最难忘

一个人无论一生有过多少段刻骨铭心的感情,最最难忘的永远都是初恋。那么人们为什么会对初恋难以忘怀呢?心理学家契可尼通过一项实验揭示了其中的奥秘。她给一群受试者安排了20项指定的工作任务,在他们完成一半工作的情况下,故意在中途加以干扰,使其不能顺利完成工作。结果发现,人们对未完成工作的回忆要比已完成工作的回忆深刻且强烈得多。由此得出结论,人们很容易忘记那些已完成的、已有结果的事情,而对那些中断的、无果而终的事情却总是记忆犹新。这种现象就叫作"契可尼效应"。由于大部分初恋都没有开花结果,人们在"契可尼效应"的影响下,自然就对这段情感念念不忘了。

初恋是青涩的,不成熟的,男女双方在初恋阶段都是比较天真懵懂的,所以将对爱情所有美好的幻想,都加在了初恋对象的身上,把那种朦胧恍惚的感觉看成了是对对方的迷恋,如果这段感情戛然而止,那么就极有可能成为绝响。因为这种"未能完成的"恋爱总是让人惦念、引人遐想

第九章
什么在左右你的姻缘

的，而记忆中的那个人由于没能和自己成功牵手，还没来得及沾染柴米油盐酱醋茶的烟火气息，因此就变得永远无法取代了。

丘吉尔是英国历史上最富影响力的首相之一，由于在反法西斯战争中发挥了巨大作用，他在欧洲世界舞台乃至世界政治舞台上都有着举足轻重的影响力，然而鲜有人知道的是这位雄狮一般的巨头人物，在年轻时也曾经为情所困，为一段失败的恋情伤透了心。

丘吉尔的初恋是一个叫帕米拉的女子。帕米拉是印度高官的女儿，她美艳动人、气质高贵，一直是王孙公子竞相追逐的对象。然而她却唯独对丘吉尔情有独钟。当时丘吉尔只是随军团驻留在印度的一名年轻的军官，他的地位当然比不上印度的贵族。在一场马球比赛的赛场上，他有幸邂逅了美丽端庄的帕米拉，两个人一见倾心，迅速坠入爱河。凭借着单纯的爱，丘吉尔战胜了所有的情敌，赢得了美人的芳心，他们甚至在私下里订了婚。

丘吉尔爱得很投入，对于两个人的未来充满信心，他从来没怀疑过自己迎娶帕米拉的决心。在印度这个古老神秘而又充满异域风情的国度里，丘吉尔找到了属于自己的爱情，幸福得就好像置身在天堂一样。他经常带着帕米拉骑着大象漫步在海得拉巴市街头，一边游览优美的风光，一边频繁地偷看帕米拉，她在他眼里是那样完美无瑕，简直就是女神的化身，心想如果能有幸娶她为妻，他无疑将成为世上最幸福的男人。

弹指一挥间，两年过去了，帕米拉盛装披上了嫁衣，然而新郎却不是丘吉尔，而是印度总督的儿子维克多。这段初恋之所以无疾而终，主要是因为年轻的丘吉尔当年一无所有，无法让从小娇生惯养的帕米拉托付终身。丘吉尔知道是因为没有经济基础动摇了帕米拉嫁给自己的决心，尽管心中万分痛苦，他还是大度地向帕米拉和新郎维克多表示了祝贺。

丘吉尔结婚以后，仍然对帕米拉念念不忘，曾一度和她保持朋友关系，并将自己的文集赠送给了她。直到步入耄耋之年，他仍和帕米拉保持

通信往来，并在信中饱含感情地写道："再次看到你的笔迹，真的让我感到非常高兴。"

人人都渴望遇见爱情，而初恋作为恋曲的初章更是令人期待。第一次的恋情总是令人回味的，男男女女初次感受到了情窦初绽的美妙，似乎一下子就找到了自己心目中的王子或公主，幸福得忘乎所以，这种奇妙的感觉终其一生也难以忘却。可惜的是好花不常开、好景不常在，美好的事物往往短暂易逝，初恋也是一样，它来得快去得也快，就像白居易形容得那样："来如春梦不多时？去似朝云无觅处。"让人辨不清是花还是雾。初恋大多是让人遗憾的，因为它毕竟是一场失败的未果的恋爱，可正因为如此，它才成为我们记忆中最为珍视的一部分，所以我们仍然应该感谢生命中的那段经历。

爱情不止有甜蜜，也有苦涩，青春年少时的初恋给人留下的往往是酸涩的回忆，当一段情缘结束时，我们所有对爱情的期盼和想象也随着它的终结被封存了起来，所以它成为了埋藏在意识中最为深刻的记忆。胡适说："醉过方知酒浓，爱过方知情重。"其实只要忘情地爱过了，一切便已足够，不必慨叹造化弄人，不必谴责对方给予自己的伤害，既然这段感情已经落下了帷幕，那么就不要怨也不要悔，把它当成生命中最难忘的回忆珍藏起来吧。

09. 马赫带现象：爱情不是拿来比较的

人的视觉印象和主观感觉通常是不准确的，比如在明暗变化的边界，我们会在亮区看到一条更加明亮显眼的光带，而在暗区也能发现一条色泽更暗的线条，这种视觉上的错觉就是所谓的"马赫带现象"。出现这种情

第九章
什么在左右你的姻缘

况,跟画面刺激能量的分布无关,马赫带是人的神经网络对视觉信息进行加工形成的图像。

马赫带现象揭示的是人的主观意识对明暗变化的判断。当你观察两处亮度不一的区域时,边界地带亮度的对比就会显得尤为明显,轮廓线也会显得极为清晰。这样亮区就能发现一条更亮的光带了,而暗区也能相应地发现更暗的部分。如此一来,明度和暗度都是被人为地放大了,形成了一种主观上的边缘对比效应。同样,人们在审视爱情时,在与他人的比较中,也会因为主观意识对爱情信息的加工,将伴侣的优点无限放大或者将伴侣的缺点无限放大。这样在认知上就会出现极大的偏差。

爱情是不需要盲目比较的,适合自己的才是最好的。爱人就如同沙滩上的贝壳,最大的未必是最好的,最漂亮的也未必是最让自己动心的,只有自己最喜欢的才值得俯身捡起,一旦找到了自己最想要的那枚贝壳,就没有必要做无聊的比较了。事实上,比较是最容易让人丧失判断力的。每个人都有自己的不足,人与人是没有可比性的,如果你用爱人的缺点跟别人的优点相比,那么对方身上的缺陷当然会被无限放大了。每个人都是独一无二的存在,爱人身上的闪光点和优点很可能是别人所不具备的,所以千万不要盲目比较,找到你所爱的人就要学会珍惜,别人拥有的幸福未必是你想要的幸福,婚恋生活就像鞋子,舒不舒服只有自己的脚知道,这种感觉和比较无关。

张晴是个相貌靓丽的女孩子,而且也有极强的工作能力,身边不乏追求者。但是,张晴对于选择丈夫的事情很是谨慎,她明白什么样的男人最适合自己。

董雷和晓刚都是小丽的大学同学,工作后,都对小丽展开了追求。董雷相貌平平,收入中等,但却细心、体贴,而晓刚则外型帅气,收入丰厚,是典型的事业型男性。周围的朋友都劝张晴选择帅气而富有的晓刚,但是,最终小丽却接受了董雷,与董雷步入了婚姻的殿堂。

张晴觉得自己在生活中是个粗心大意的人，经常会为了工作而废寝忘食，她很是渴望自己身边能有个像董雷那样细心、体贴的男人来照顾自己和关心自己，董雷能给的这份温暖正是张晴所渴望的。至于晓刚，虽然外形帅气，家境富有，但是张晴却觉得并不适合自己。同事问她为什么，她这样说道："男人有财，不可能养自己一辈子，帅气才气，不可能炫耀一辈子。周围的同性朋友都爱拿董雷和晓刚比较，但只有我明白，丈夫是拿来过日子的，不是拿来向人炫耀和比较的。所以，我不找帅也不找富，我要找个能包容自己的，懂得体贴自己的人。如果不能够包容自己的情绪和缺点，就算条件再好有什么用呢？其实，最好的日子，无非是你在闹，对方在笑，如此温暖地过一生。"

无论是爱情也好，婚姻也罢，适合自己的才是最好的。正如张晴所说，最好的日子，无非是你在闹，对方在笑，如此温暖地过一生，这也是对幸福婚姻最好的诠释。

其实，任何爱情经不起对比的考验，事实证明，幸福不是对比出来的，不切实际的比较既伤对方感情，又让自己失落，对双方而言是没有任何好处的。所以最明智的做法是杜绝没有意义的比较。既然你已经选择了对方，就要学会欣赏他或她的优点，包容他或她的缺点，真心实意地爱护对方，而不是无休止地挑剔和指责对方。面对爱情，要懂得知足，彼此且行且珍惜，这样才不至于辜负曾经的美好情谊。

有时候你觉得另一半远远达不到自己的要求，却又舍不得对这份感情放手，这就是心理学上的"马赫带现象"在作怪。你分明已经找到了自己喜欢的人，可是和别人一比，又总是心有不甘，觉得爱人各方面条件都不突出，根本配不上眼光高的自己。放下无谓的比较，你的内心就不会再困惑了。他或她或许不是最优秀的，但却是你真心喜欢的，只要能确定这一点。

第十章
什么在左右你的生存状态

每个人的生活不同,想法不同,做法当然也会不同。其实,能真正左右你生活或生存状态的,永远是你自己。也就是说,你选择怎样的生活方式完全取决于你自己,没有人可以替代你。本章从人生的幸福、悲苦、快乐等生活问题出发,诠释了维系一个人内心幸福的种种心理因素,道出了人们生活出现"酸甜苦辣"的种种真相,能让我们更理智地面对自己的内心和处理生活中的种种问题。

01. 右脑幸福定律：释放右脑魔力，你将幸福满满

沙哈尔博士在少年时期就曾经痴迷于学习壁球，在五年训练的时间里，他经常会感到空虚和无聊，觉得生命中缺少了什么。他深信，胜利会让他感到幸福。在他16岁那年，他获得了全球壁球赛的冠军，他曾经欣喜若狂。然而，就在他夺冠之夜，空虚感顿时袭来，他自己突然感到迷茫和恐惧。在这样的情况下，尚不能够感到幸福的话，那么，他该到何处去寻找人生的幸福呢？他内心的空虚越来越严重，他最终发现，胜利未曾给他带来任何的幸福。

也就是从那个时候起，他开始对一个问题非常着迷，便是如何才能体味到真正的幸福？于是，他决定去哈佛大学学习心理学。经过多年的沉思和学习，他终于体会到，内在的东西比外在的东西更能让人感受到幸福感。于是，他的幸福观逐渐地清晰起来。幸福，应该是快乐与意义的结合。在沙哈尔看来，寻找真正能让自己快乐而有意义的目标，是获得幸福的关键。

沙哈尔博士认为，幸福感是衡量人生的唯一标准，是终极目标。人们在衡量商业成就时，标准就是物质财富。而人生其实与商业一样，有盈利和亏损。如果我们把负面情绪当作支出，把正面的情绪当作收入，当正面情绪多于负面情绪时，人们在幸福这一"至高财富"上便盈利了；而人们在被长期的抑郁、焦虑等负面情绪控制时，便是"情感破产"。如果个体问题不断地增长，焦虑和压力问题接踵而至，那么，社会将走向幸福的"大萧条"。对此，亚洲积极心理学研究院理事长倪子君认为，无论我们处于生命的何种状态，遭遇不幸、经历变迁，或者追求卓越，名利双收，或

者对人生经历感到困惑、求索或领悟，我们都应该让自己幸福。

但是生活中，为什么很多人都觉得自己不够幸福，而有的人却觉得自己是个幸福的人？那么，我们的幸福究竟是由什么决定的呢？对此，美国著名的心理学家霍华·克莱贝尔指出，人的幸福由我们的"右脑"所决定。一般来讲，人的左脑是"自身脑"，属于逻辑的、理性的、功利的、个人经验的、分析的、计算的大脑。人要生存，就必须要利用好左脑。而人的右脑则是"祖先的大脑"，属于灵感的、直觉的、音乐的、艺术的、宗教的等可以让人产生美感和喜悦感的大脑。生活中，我们之所以善于用左脑，是因为左脑是很好开发的，右脑则是很难开发。为了使自己生活得更为快乐，心智更为健全，我们必须要训练自己使用右脑的能力，锻炼左手，每天有意识地花更多的时间去冥想、散步、吟唱、垂钓、闲聊、放眼夜空、欣赏古典音乐等，幸福的捷径就在右脑中。

02. 99％的问题都是因为懒

每个人都向往安逸的生活，因为趋乐避苦是人的天性，谁不喜欢安闲的生活，谁没幻想过到海边懒洋洋地晒太阳，神情慵懒地欣赏一下椰风骄阳的美景呢？劳碌之后，暂时远离都市的喧嚣，偶尔放松休息一下本没有错，毕竟拼命三郎也是需要假期的。可是如果把人生的每一天都当成惬意的度假，那么还怎么腾出时间来实现目标呢？

有时候目标实现不了，不是因为时机不成熟，也不是因为能力不够，而是因为我们太懒，宁愿窝在沙发里看小说、刷微博，也不愿意做一些更有意义的事，比如制定具有挑战性的目标。毫无疑问，制定新目标就意味着突破心理舒适区，而执行新目标就意味着要跟自己身上的懒惰基因展开

长久的拉锯战,这些事情都是我们极力逃避的。

心理学研究表明,人一旦习惯了某种生活模式,就好比进入了某种舒适区,只要保持现状,便会感到安全舒适惬意,久而久之,就懒得做出改变了,想要突破这种模式,难度非常之大。譬如你习惯了每天回到家就打开电脑看韩剧,突然有一天制定了一个新目标,打算把看韩剧的时间用来阅读《莎士比亚全集》,你会发现执行这个新目标非常困难,原因倒不是因为韩剧比莎士比亚更具备吸引力,而是因为你习惯了那种慵懒的氛围,突然之间将休闲娱乐的时间改为学习时间,那需要"杀死"自己体内所有的懒惰细胞才行。

再举一个简单的例子,譬如你习惯了早晚各刷一次牙,有一天忽然看到了一则非常有趣的新闻,说的是某位名人因为坚持每次用餐之后清洁口腔,到了70岁一口牙齿依然保持完好、光洁如新,于是动心了,决定每天吃完午餐之后也去刷牙。这本来是一个非常容易执行的小目标,但是真正实践起来你会发现,一切都不像预想中的那样容易,坚持了一段时间之后,你又恢复到了原来的生活模式——每天只刷两次牙。原因在于多刷一次牙意味着改变你所熟悉的生活模式,这会让你感到不适。此外多刷一次牙意味着多付出一些辛劳,虽然这点辛劳微不足道,但对于生性懒惰的人来说,它依旧是难以容忍的。

每天多刷一次牙的目标都不容易实现,更不要说难度系数更大的目标了。很难想象一个贪图安逸的人,能顺利完成提高工作效率或是创造更高业绩的目标。这就好比你已经习惯了以匀速直线运动慢慢走路,忽然逼迫自己加速度奔跑,可以想象,在那样的情形下,你的身体和心理都将感到极为不适。向懒惰开战并非易事,所以能高效完成目标的劳模数量总是少之又少,而平凡如你我的庸庸大众,总是一如既往地将目标搁浅,继续过着不温不火、不疾不徐的小日子。

刘宽本是一名高才生,在校的时候不仅学习成绩优异,而且还写得一手好文章，可谓是一个才华横溢的大好青年，但毕业以后他的境况却连班级里排名倒数的同学也赶不上。这是为什么呢？究其原因，主要是因为他太懒。因为不想奔波，他随意找了一份工作便安定下来了，成了一家小型企业的办公室助理，工作内容非常简单，无非是负责收发信件、打扫卫生和端茶倒水。

看到同学一个个混得风生水起，刘宽有时也不甘心，也曾制定过让自己更上一层楼的宏伟目标。不过他已经习惯了目前这种闲散生活，舍不得走出这个鸡肋的小世界，更是不忍离开这种安宁舒适的氛围了，因此所有有关晋升、跳槽的计划统统搁浅了。他也想过利用闲暇的时间动笔写写文章，可是每次抬起笔，他的思路就被阻断了，脑海里徘徊的都是怎么泡茶看报纸的画面，结果大半天也没有写出几行字来。

刘宽虽然现在很舒服很享受，但有时也会感到焦虑，他当然明白人无远虑必有近忧的道理，对孟子《生于忧患，死于安乐》中的千古名句仍记忆犹新，可是若要他放弃目前的生活几乎是不可能的。而今的他已经成了温水青蛙，极其贪恋那种洗热水澡的美好感觉，即便知道逐渐加高的水温会给自己带来危险，他也照旧乐此不疲。

懒惰是阻碍我们实现目标的绊脚石，若要改变现状，我们必须主动突破心理舒适区，主动殷勤地去做一些力所能及的事，逐渐改掉懒惰的毛病。当然，要让懒惰的自己突然变得勤奋起来是一件非常不现实的事，我们不妨制定一些小目标，逐渐培养自己勤劳的特质，一点一点地蚕食懒惰的细胞，以便日后能以勤勉的态度完成更大的目标。那么制定什么样的目标合适呢？

(1) 尝试一条新的上班路线。

最好是比原来的路线稍远的路线，以保证自己上班不迟到为宜。多坐几分钟公交、地铁，多走一段路，既可以让你锻炼身体，又能让你在奔波的过程中战胜懒惰的恶习，何乐而不为呢？

(2) **每天学做一道新菜。**

如果你是一个标准的懒人,可能从来都没有下过厨,也可能每天总是重复着几样样式简单的家常菜,比如西红柿炒鸡蛋之类。变着花样做菜不仅能让你吃得更营养更健康,还能让你在改变饮食结构的同时改变生活方式,最重要的是它能让你变成一个勤于动手的人。

(3) **每天在浏览网站时抽出时间阅读一篇好文章。**

在这个信息大爆炸的时代,网络作为信息交流的载体和平台,给我们的生活提供了很多的便利。但是绝大多数的人都没有学会好好利用网络资源,平时上网大多是为了浏览娱乐八卦,如果你能每天抽空认真阅读一篇好文章,就能逐渐使自己从慵懒散漫的状态中解放出来,假如恰巧读到了有关克服懒惰恶习的好文章,则可以尝试着运用其中的招数武装自己,也许某个招数就能对自己奏效呢。

(4) **电梯无故障时,尝试着爬楼梯。**

电梯能给人带来上上下下的享受,人们只要轻轻触摸一下按钮,就能直接被送到家门口。如果你能放弃这种便利,尝试着气喘吁吁地爬几次楼梯,就能从精神意志上战胜懒惰。把爬楼梯当成一种锻炼身体的机会,当成一种乐趣吧,虽然你的身体会感到很疲惫,但精神将格外舒畅,因为热爱运动的你早已克服了懒惰的毛病了。

03. 平衡法则:世界是平衡的

宇宙和世界万物都遵循着一种平衡法则,它们各自有着属于自己的生命周期和循环系统,以一种极其微妙的方式运行着。宇宙的新陈代谢就是不断平衡的过程,原有的平衡被打破、旧事物消亡以后,涌现出来的新生

第十章
什么在左右你的生存状态

物会重新构建出一种平衡。地球的生命系统遵循的也是同样的规律。生命的进化是一个由简单到复杂的过程，低级的微小的生命演化成了庞大复杂的生物世界，到了一个循环周期，旧的物种灭绝，进化步入崭新阶段。恐龙的灭绝就是如此，它的消亡促成了哺乳动物的繁荣强盛，后来人类出现了。

宇宙中的平衡法则是冷酷的，物竞天择的剧目周而复始地上演，其实人类社会何尝不存在同样的法则。世界总是以它独特的方式维系着一种平衡，一切都不是以人的主观意志为转移的。正因为如此，许多人认为，幸福的主动权并不操控在人类自己手里。坦白来说，生活的确未必如人所愿，一个渺小的个体根本不可能强大到和整个世界抗衡，想要改变社会运行的规律是不现实的。在现实面前，我们或许总有几分无可奈何，毕竟我们不是超人，改变不了宇宙，改变不了世界，甚至改变不了自己所处的微环境，我们唯一能改变的只有自己的心境，但只要掌控好了心境，我们就掌握了幸福的主动权。

有这样两个人：一个富有但体弱多病，另一个贫穷但身体健壮。两人都觉得自己不幸福，同时又互相羡慕。富人认为自己虽然什么也不缺，但每天承受病痛的折磨，实在太痛苦了，如果他能获得健康，宁肯用自己的全部财富来交换。穷人认为自己除了健康，一无所有，只要能变得富有，便乐于付出任何代价。

有一位神医得知了他们的愿望，便采用交换人脑的方法帮助他们改变了命运。富人很快失去了全部的家财，但却获得了健康。穷人从此腰缠万贯，不过身体状况越来越差。两人都过上了自己梦寐以求的生活，生活虽然并不尽如人意，但是都感到很满足。

一贫如洗的富人由于有了一个好身体，精力越来越充沛，他踏实肯干，又能吃苦，渐渐地变得富有起来，很快就有了自己的一份产业。由于过分劳碌，他身体越来越吃不消，由于之前有过被病痛折磨的经历，只要身体略有不适他就忍不住胡思乱想,由于身心压力太大,他又染上了各种疾病,不久他又过上了以前那种富有但饱受病痛之苦的生活。

那位一夜暴富的穷人,在过上了体面生活以后,整天为自己的身体状况发愁,他担心享受不完财富,自己就驾鹤西去了。一想到这万贯家财是用宝贵的健康换来的,他就感到万分心酸,于是打算生前尽情享受一番。从此他不再耗费心思积累财富,也不再为任何事情苦恼,一心只想让自己过得舒服快乐。不久,他便把所有的钱财挥霍一空了。不过由于那段时间他过得无忧无虑,心里没有任何负担,身体渐渐地强壮起来,后来他又变成了一个健康的穷人。

故事中两个人在交换人生以后又回到了最初的样子。或许有人认为这说明世界总是不公平的,富足的总是富足,贫寒的总是贫寒,健康的总是健康,羸弱的总是羸弱。为什么人与人就不能均衡一下呢?其实这种种不公平现象揭示的就是一种平衡法则,在这个世界上,没有人能真正拥有一切,也没有人真的一无所有,每个人的生命里都有一种缺失,你所拥有的未必都是你想要的,可在别人眼里它们可能是无价之宝,也有可能是幸福的全部资本。平衡法则不是为了取悦你而存在的,无论你喜欢与否,它都会以自己的方式维系着一种平衡。如果你把自己看成了这一法则的受害者,是因为心境使然,改变一种心境,珍惜自己已有的东西,你会忽然发现自己其实真的很幸福。

人生之所以痛苦,是因为人们强求客观世界服从自己的主观意志,总是幻想着过上随心所欲的生活,这是不切实际的。生活不是童话,世界也不会为我们改变,与其怨天尤人,不如多从自己身上找原因。其实幸福并不需要我们操控一切,只要我们能掌控自己的内心,就能拥有一个幸福的世界。

第十章
什么在左右你的生存状态

04. 幸福递减定律：得到越多，幸福感越少

很多时候，不是得到越多越幸福，你的幸福感有时会随着东西的增多而不断减少，这种现象就是著名的"幸福递减定律"。幸福递减定律在生活中是很常见的，比如一个饥肠辘辘的人在吃第一个馒头时会感觉味道格外香甜，吃第二个馒头时也很受用，吃第三个馒头时便有了饱腹感，若是被逼迫着吃下第四个、第五个，甚至更多的馒头，那简直就是受罪了。一个在沙漠里长期忍受口渴的人，在痛饮完一壶水时会感到分外满足，但是等他迁居到了发达地区生活，随时都能喝上干净的饮用水，一壶清水给他带来的幸福感几乎等同于零。

幸福递减定律告诉我们，我们很容易失去对幸福的感知能力，随着物质的丰富，物品的增加，我们的感官会变得越来越迟钝，从前想要的幸福在今天看来很有可能不值一提。贫寒的时候我们是很容易满足的，能吃上一顿大餐、看上一场电影，就能把自己想象成世上最幸福的人。富足的时候，天天都能吃大餐、随时都能享受视听盛宴，不过它们带给我们的快乐几乎可以忽略不计了。事实证明，日子过得越好未必越幸福，如果我们把拥有一切当作理所当然，那么就找不到幸福的理由了。

在战乱时期，有一个国王为了躲避敌兵的追赶，逃到郊外藏了两天两夜。他又累又饿，为了活命，只好冒险出去寻找食物，路上遇上了一个樵夫。樵夫并不知道他的身份，看他又狼狈又可怜，顿生怜悯之心，于是就给了他一个玉米面和蔬菜做成的菜团子。国王万分感激地捧过菜团子，狼吞虎咽地吞了下去，两口三口就把食物吃光了，他觉得这菜团子真是人间美味，赛过王宫里所有的珍馐佳肴。

战乱结束后，国王回到了皇宫，心里依然对吃过的美味念念不忘，于是便吩咐御厨做菜团子给自己吃。御厨们费尽周章，也没有做出让他满意的菜团子。后来国王派人四处打听樵夫的下落，终于找到了当初赠送给自己菜团子的那个人，如愿吃上了曾经的美味。不过奇怪的是，这菜团子根本不似记忆里那般香甜，它口感粗糙、品相也不好，和一般粗劣的食物根本就没有什么差别。国王很困惑，不明白自己当初为什么把它当成了绝品美食。樵夫说："陛下，因为您当初很饿，所以能吃上一个菜团子会感到很受用。现在就不同了。"

国王终于明白了，困顿时，人拥有的愈少愈会思之不易，对仅有的东西会格外珍惜，而当自己拥有的越来越多的时候，心也就变得麻木了，自然不会再把任何东西看在眼里了。

我们感到不幸福，不是因为我们拥有的东西太少，而是因为我们身在福中不知福。饥饿时吃什么都是甜的，饱腹时就算天天吃蜜也不觉得香甜。因为时过境迁，以前能给我们带来喜悦和满足的东西，现在竟变得一文不值了。我们早已对拥有这些东西感到司空见惯了，再也没有什么能触动我们的心灵了。

想要摆脱幸福递减定律的影响，重拾昔日的幸福，我们必须学会感恩和珍惜，正所谓"一粥一饭，当思来之不易；半丝半缕，恒念物力维艰"。怀着感恩的心态去生活，而不是以苛刻的眼光审视生活，你会发现自己一直就生活在幸福之中。

有时候你认为幸福永远也不会到来，不是因为幸福背离了你，而是因为你丧失了对幸福的感知能力。有时候你以为幸福刚刚开始，其实大错特错，事实上幸福一直环绕在你身边，你只是"不识庐山真面目，只缘身在此山中"而已。唤醒自己的心灵，学会珍视眼前的一切，即使你拥有的不多，幸福也会与日俱增。

05. 破窗效应，别让"颓废"乘虚而入

每个人内心深处都有一个"大法官"时刻评判着自己的行为。当你达不到自己的要求时，你就会感到自责、挫败、羞愧、自我厌恶，对自身产生了深深的怀疑，把自己定义为全世界最失败的人，甚至想通过某种方式来惩罚自己。比如当你没能如愿拿到奖学金、论文不被导师认可、工作受到上司否定时，你都会产生这样的情绪。

在和拖延症纠缠的过程中，你时刻都会受到"大法官"的咒骂，它说你没用，连最简单的事情都做不好；它责怪你惰怠、缺乏自制力；它嘲笑你优柔寡断、做事慢吞吞的样子。为此你感到愤怒，可是又不知该把矛头指向谁，因为这个"大法官"其实就是你自己的声音，你没有办法对其隐瞒真实感受和看法。当你把自己骂得狗血喷头时，便感到无地自容，觉得自己是个一无是处的废物，于是便破罐子破摔，日趋颓废和堕落。

心理学中有一个非常经典的理论叫作破窗效应，它是指一栋房子如果有一扇窗被打破了，在没有人修补的情况下，很快其他窗户也会被莫名打破；一面干净的墙如果被画上了涂鸦，没有人将其清洗掉，用不了多久这面墙就会被涂满乱七八糟的东西；行走在干净的路面上，人们出于羞耻心都不好意思随手丢垃圾，但是地面上一旦出现了垃圾，人们就会毫不犹豫地乱丢垃圾。

破窗效应的理论是由政治学家詹姆士·威尔逊和犯罪学家乔治·凯琳提出的，该理论认为放任不良现象存在，会诱使人们变本加厉地进行破坏。破窗效应理论的诞生源于美国心理学家菲利普·津巴多做过的一个实验，他把两辆一模一样的汽车分别停放在治安良好的加州帕洛阿尔托的中

产阶级社区和治安较差的纽约布朗克斯区。他故意把停放在纽约布朗克斯区的车摘掉了车牌，还把顶棚打开了，结果汽车当天就被盗走了。一个星期过去了，放在帕洛阿尔托的那辆汽车仍停在原地。后来，那辆车的玻璃被打出一个洞后，仅仅过了几个小时它就被偷了。

当任何一种不良现象存在，原有的秩序被打破，就会传递出一种负面的信息，这种信息进而导致不良现象无限恶化。用破窗效应来解释拖延症，其过程是：你允许拖延症存在，就好比允许一栋房子有一扇破窗，这扇破窗的存在给你带来潜在威胁，让你觉得不安全，可是你又忍不住对自己说谎，为自己制造一种虚假的安定感，这时一个理性而严厉的声音不停地批评和指责你，命令你马上修补破窗，你感到羞愧、内疚、无能为力，内心充满挣扎，可仍选择继续拖延下去，你对自己越严厉，你便越憎恨自己，由于被负面情绪包围，你开始变得放纵，导致拖延症向持续恶化的方向发展，陷入"放纵——自责——更严重的放纵"的恶性循环。

何蕾为了调整自己的状态，几乎和所有人断绝了联系，她关掉了手机，简单收拾好了行囊，在一个山清水秀的偏远乡村休假。或许朋友们无法了解她为什么会玩失踪，这不符合她的性格，只有她自己清楚，如果再不逃离，她极有可能被拖延症拖垮。

每次坐在办公室的电脑前，她就开始怨恨自己，觉得自己是全世界最无用的人，因为她不能控制自己的意志和躯体，只能任凭拖延症的毒草在自己的脑海和躯体里蔓延，只做了一点工作就想把余下的工作拖后，能拖多久算多久，结果每天她都无法完成当日的工作。她也试过拯救自己，告诉自己每天的太阳都是新的，发誓要给自己一个崭新的开始，决定用最严厉的方式促使自己完成当天的工作，结果她越是逼迫自己，工作越是无法进行，她终于明白一切的对抗都是徒劳的，于是干脆缴械投降，任性地放纵自己，有时大半天都在做与工作无关的事情，后来发展成一连数小时都在发呆，工作几乎处于停滞状态。

第十章
什么在左右你的生存状态

何蕾变得越来越消极,心理负担越来越沉重,她觉得自己辜负了公司的信任,又感到对不起父母,心想父母一定会对自己的表现失望。她开始吸烟了,后来又染上了酒瘾,觉得自己正在向黑暗的深渊滑去。最后她做出了一个决定,离开自己熟悉的一切,到一个陌生的地方流浪。在没有手机、没有电脑,仿佛世外桃源一般的地方她的心灵得到了休憩,可是长假很快就过去了,她又要面对原来的生活了,脚下的路要怎么走,她并没有找到答案。

拖延造成的无用感,往往会摧垮一个人的意志,有拖延症的人日复一日地用尖刻的谩骂折磨自己,这无异于对自己灵魂的鞭挞,这种伤害往往是难以平复的。有些拖延者对未来有着清醒的认识,知道自己如果修不好心灵的破窗,就有可能变得百孔千疮,可是又认为自己是个拙劣的修补匠,根本没有能力修补好自己。为了逃避痛苦的现实,拖延者会借助各种手段麻痹自己,进而对各种有害的事物上瘾,比如酗酒、迷恋网络、暴饮暴食等等,总之拖延者放弃了自救,任凭自己沉溺,走向了可能吞噬一切的泥潭。

我们知道,人最大的敌人就是自己,当你无法面对自己,无法战胜自己,就会屈从于拖延症,变得麻木不仁或者越发痛苦。在你选择自暴自弃的那一刻,所有的欢乐和幸福都将离你而去,使你饱尝人生的苦酒。其实你的苦涩与命运无关,只是对拖延症屈服后的你不再是命运的主人,而是彻底沦为失去了自由和尊严的奴隶,这是多么可怕的事情啊。如果你不想让这样的事情发生或者不想再扮演这样可悲的角色,那么从今天起就勇敢地行动起来吧,和拖延症斗争到底,在热血和理想中重获新生。

06. 安慰剂效应：自欺欺人的假象

提到安慰剂效应，你首先想到的也许是发放到患者手里的糖丸，尽管不具有任何药效，但只要患者相信它能治病，服用后病情就能得到好转。安慰剂效应主要应用于医学领域，由于各种原因，医生给病人分发玉米粉做的糖丸，或者对病人实施"假"手术，进行"假"治疗，但让人称奇的是，病人的病情真的得到了控制，部分人还不治而愈了。这是为什么呢？

专家指出，药物只是安慰剂效应的媒介，只要你认为它确实是有疗效的，负面情绪就能瞬间得到抚慰，焦虑情绪也将得到缓解，你将不自觉地把自己调整到积极振奋的情绪状态，这时药物是否具备临床疗效已经不重要了，因为积极的情绪本身就有助于病情向好的方向转化。

安慰剂被现代人发现，是因为一个叫 H·K·Beecher 的美国医生。Beecher 是一名麻醉师，第二次世界大战爆发后，他踊跃奔赴战场照顾伤员。盟军的军队和法西斯士兵在意大利南部海滩进行了一场惨烈的战斗，盟军伤亡惨重。有个伤兵痛苦地号叫着向 Beecher 索要镇痛剂，但那时镇痛剂就快用完了，Beecher 一筹莫展。为了安抚伤兵的情绪，护士只好用生理盐水代替止痛药物给伤兵注射，但伤兵并不知情。让 Beecher 感到吃惊的是，身负重伤的士兵居然平静了下来，疼痛真的止住了。

美国牙医约翰·杜斯坚信安慰剂确实具有很好的止痛效果，在回顾 27 年从业生涯时，他强调很多病人来到他的诊所后都声称自己一进来就感到好多了。还有人说只要让他们一接触到医生的手，牙痛就缓解了。这些饱受牙病困扰的患者，在尚未接受正规治疗时，就因为安慰剂效应的作用而使病痛得到了缓解。

第十章
什么在左右你的生存状态

安慰剂效应有积极的一面，它可以让人暂时逃离痛苦，保持一个较好的情绪状态。但它也有消极的一面，人们躲到精神的避风港里，糟糕的状态就被掩盖了，这样做并不能解决现实世界里的问题，反而会引发更多的问题。安慰剂效应虽然体现出了精神的巨大力量，但精神毕竟是虚幻的，它不能完全改变现实，却有可能让人迷失在假象中难以醒来。

鲁迅笔下的阿Q运用的精神胜利法就属于安慰剂效应。作为底层社会的小人物，他无力摆脱卑微的地位，被人打了，就把挨打的场景想象成儿子打老子，然后忿忿然地指责这个世界没有公理，这样一想，反而感到心满意足了。这种自欺欺人的精神胜利法虽然起到了很好的麻醉剂作用，让阿Q对屈辱和痛苦浑然不觉，但并没有改变他的悲剧性命运。

安慰剂在医学领域，确实被证明能缓解肉体上的痛苦。但在精神领域，它并不能解除真正的痛苦，而只会让人逃离现实，促使人在虚幻的安全感中逐渐沉沦，在自我麻醉中失去正视自己的勇气。鲁迅先生曾经说过："真的猛士敢于正视淋漓的鲜血，敢于直面惨淡的人生。"我们只有抛开安慰剂，才能成为真的猛士，勇敢地面对自己的人生。

命运对于苏联作家奥斯特罗夫斯基来说是无比残酷的。他出生在一个小山村的农户家里，由于家境贫寒，11岁便当起了童工。15岁那年，这名一贫如洗的热血青年参加了国内战争，1年后他在战斗中负伤，导致右眼失明。因为长期进行艰苦卓绝的斗争，他的健康状况每况愈下，年仅20岁就因关节病而卧床不起。

25岁本是一个风华正茂的年纪，可他却成了一个全身瘫痪的残疾人，更为可悲的是两只眼睛都看不见了。面对人生的种种不幸，他没有逃避，也没有放弃，而是选择凭借惊人的毅力坚持写作。由于双目失明，全身只有手腕能活动，他写起文章来非常吃力。每次提笔前，他都要事先把要写的东西构思好，每章每节每字每句都要烂熟于心，然后把故事的内容讲给妻子听，由妻子代为记录。这项艰难的工作需要妻子的极力配合，一旦妻

子不在身边,他就什么也干不成了。

时间一长,他觉得这样下去也不是办法,于是便尝试着自己动手写作。随后他叫人用硬纸板给自己做了一个布满方格的框子,然后把它放在稿纸上面,自己摸索着一个单词一个单词地写,有时一写就是一整夜。写作期间他还要用顽强的毅力与病魔抗争,常常把嘴唇咬出血来。在这种情况下,他终于完成了《钢铁是怎样炼成的》名作,成为了一个伟大的作家。

奥斯特罗夫斯基的故事告诉我们与其逃避现实,不如勇敢面对,无论前路有多么坎坷,无论你正经历着怎样的痛楚,只有勇敢地接受暴风雨的洗礼,才能像海燕一样征服天空中的所有阴霾。

安慰剂带给人的只是一个看似美好的幻觉,我们决不能沉迷其中,更不要产生"但愿长醉不愿醒"的心态。事实证明现实是逃不开的,既然如此,我们何不以一种镇定的姿态去面对它呢?

07. 悲苦的自我催眠作用

一位心理学家说:生活中人们所谓的"悲苦"并不见得是真苦,很多时候仅仅只是他常把"苦"挂在嘴边,用"苦"将自我催眠了而已。的确,人类是受"情绪"左右的,人们总时不时地沉浸在情绪的泥潭中,此时,他们既能将幸福夸大一百倍,也会将悲苦放大一百倍。所以,很多时候,我们所谓的"幸福"或"悲苦"只是自我的催眠作用而已!

有一只小猴子,肚皮被树枝划伤了,流了许多血。它见到一个猴子朋友便扒开伤口说,你看看我的伤口,可痛了。每个看见它伤口的猴子都会安慰它,同情它,告诉它不同的治疗方法。于是,它就继续给朋友们看伤

第十章
什么在左右你的生存状态

口,继续听取他人的意见,后来它便感染而死掉了。一位老猴子很是遗憾地说,它是自己伤自己而死掉的。

这个故事告诉我们:痛,说一次就复习一次。生活中,很多人也在做像小猴子一样的事情。他们装了满肚子的苦水或痛苦,不断地向他人吐露:生活压力太大,儿子不听话,老公不理解自己,被领导批评,物价上涨等等。总之,只要稍不顺心,就会抱怨不止,成为名副其实的"怨妇"。

很多时候,我们都是爱夸大事实的。生活中,无论幸福还是悲苦,只要一经我们的情绪过滤,就会变得更幸福或者更悲苦。沉浸在自我情绪中的人,稍有不顺,便会给自己编故事,把自己的境遇添油加醋地修饰一番,让别人觉得自己已经到了惨不忍睹的地步。他们夸大悲苦的事实,其实是希望全世界的人都能站在他的这一边,心疼自己,怜惜自己,并给予她安慰或同情,然后获得心理上的平衡和安慰。

事实上,当一个人习惯了让自己沉浸于悲苦中,不断地向周围的人诉说,那么,其未来的日子,她便离悲苦不远了,因为日后她会觉得周围的世界对他越来越不公平。这种心理暗示,总有一天,会真的让他处于悲苦之中,这便是悲苦的自我催眠作用。生活中,许多悲苦的怨妇,都是这么养成的。

露西毕业于美国一所著名的学校,毕业后得到了一份待遇较好的工作,生活还算令人羡慕。但是她有一个缺点,那就是爱抱怨。她总是牢骚满腹,不是抱怨这个,就是抱怨那个,仿佛全世界的人都对不起他一样。在工作中,她不是抱怨那个太笨,就是抱怨这个太工于心计。在朋友圈中,她会当着一个朋友面说另一个朋友的不好,好像这个世界上所有的事情都是令她讨厌的。

有一次,露西又和一位同事杠上了:"你不知道,我们公司的其他部门的人太有心计了,老板太小气了,用人特别狠,总想用最少的钱让我们干最多的活,每天把我给累得不行,真的想辞职不干。还有我们公司的副

251

总,一天到晚自己不干活,还不停地训斥别人,真是无法忍受了……"总之,她将公司所有的人都指责了一番。

一开始,面对露西的抱怨,朋友和同事都会好方相劝,让她摆正心态,但是慢慢地,他们见到她后,都会躲之不及。公司的同事和朋友给她起了一个外号叫"怨妇",没有了朋友,露西整个人真的就变得抑郁起来,感受不到任何的快乐!

我们要知道,每个人都不想成为他人情绪的"垃圾桶",你无穷尽的抱怨,会给人带来极大的负面影响,就好像将他人置于阴雨连绵之中,见不到一丝阳光。生活中,没有人喜欢生活在那样的环境中,为此,人们见到那些爱抱怨的人,一定会退避三舍,敬而远之,而爱吐苦水的那个人,也自然变得阴郁起来了。所以,我们想要从苦海中摆脱出来,首先第一步,请解除自我催眠吧!

"抱怨"是让我们远离幸福的根源,你若去抱怨,全世界都会成为你抱怨的对象,你若不抱怨,生活的一切都是充满美好的。要知道,一味地抱怨不但会于事无补,有时候还会把事情变得更糟糕。所以,无论现实如何,我们都不应该抱怨,而是要依靠自己的努力去改变现实并获得幸福。

08. 懂得感恩,幸福就会不请自来

加州大学戴维斯分校的学者罗伯特·埃蒙斯曾在学校做过一项经典实验:他把学生分成了三组,要求每人每天认真记录自己的心情、健康状况以及整体的精神状态。十周以后,他让第一组学生每天记录五件值得感恩的事情;让第二组学生每天记录五件令人烦恼的事;让第三组学生记录上周发生的五件事情。

第十章
什么在左右你的生存状态

研究项目结束时，罗伯特·埃蒙斯第一组学生的幸福指数比另外两组学生高出了25%。这个结果太不可思议了，只要每天记录五件值得感恩的事情，就能让自己的幸福指数比别人高出25%，可见想要获得幸福是一件多么容易的事情，你只要懂得感恩就够了。

很多人时时把感恩挂在嘴边，可是真正懂得感恩的人并不多。更多的人习惯抱怨，对生活充满了不满，对于别人的付出也比较麻木。少有人会感谢一粥一饭，少有人会饮水思源，少有人会感谢自己还健康地活着这样一个基本事实，而那些被命运亏待了的人反而更加懂得感恩。

著名物理学家霍金因为患有运动神经元症，长期被固定在了轮椅上，他行动不便，不能正常说话和书写，全身只有三根手指能活动，然而就是这样一个重度残疾的人，在被问道一生之中最大的感触是什么时，他的回答居然是幸运。这个回答让所有的人都感到惊讶，一个高度瘫痪、生活不能自理的人，哪还有什么幸运可言呢？然而霍金显然并不这么认为，他用手指艰难地敲着键盘，写出以下几行字："我的手指还能活动；我的大脑还能思考；我有可主宰的理想；有爱我和我爱的亲朋；我还有一颗感恩的心……"

相比霍金，我们幸运多了，可是我们并不像他那样懂得感恩。人的一生当中，得到过很多人的帮助，我们没有察觉，并非是因为别人没有在我们身上倾注过爱与温情，而是因为我们对此早已习以为常，所以失去了感恩的能力。父母把我们抚育成人，付出了不少爱与心血；老师为把我们培养成才，可谓是煞费苦心；在最艰难的日子里，朋友给了我们友情与支持。在漫长的岁月里，爱人对我们不离不弃，给了我们莫大的关怀和鼓励。可惜的是，大部分时间我们都不知道感恩，总是认为全世界都亏欠了我们。这就是我们泡在幸福的温泉里却不知幸福为何物的根源所在了。

在美国加州的一个小镇，因为时逢灾难，使这里的粮食颗粒无收，饥荒给镇上的人们带来了无尽的痛苦。小镇上有一个非常富有的面包师，他

为了帮助人们度过饥荒,每天都会给镇上最为贫穷的孩子发放免费的面包。

每当发放面包的时候,一群被饥饿折磨的孩子就会发疯似的扑上来抢面包。他们都想拿到最大最饱满的那个,为此他们甚至会大打出手,这让面包师有些失望。更让面包师失望的是,这些孩子们在拿到面包之后,从来没有一个走上去说声"谢谢"。

有一天,面包师照常给孩子们发放面包,他发现,在那一帮争抢面包的孩子外,站着一个很瘦小的女孩子。面包师肯定,这个孩子是第一次来。他想着,也许她还没有习惯与他们争抢,但是以后她也会那样做的。

面包师看着这些孩子各自拿到面包走开的时候,正打算回去。就在这个时候,一个长得瘦小的女孩手中拿着一个最小的面包走到面包师的身边,亲吻他的手,说过一声"谢谢"后便转身走开了。这让面包师感到异常的意外,同时,也感到一丝的欣慰。

接下来的几天,这个瘦小的女孩一直如此,她总是在大家都抢完后才走上去拿起最小的那个面包,再走过去亲吻面包师的手,最后说声"谢谢"。

一天,当一群孩子照常抢完面包之后,只剩下一个最小的面包,只不过这次比往常小了一些。小女孩拿起这个比平时小了一半的面包依然像往常一样走到面包师的身边,亲吻他的手,对他说了声"谢谢"后,便转身离开了。

当这位小女孩的家人掰开面包的时候,发现里面藏了枚金币。这个时候,面包师突然来到了这个贫穷的家中,对着小女孩说道:"孩子,这是我特意为你准备的,因为你拥有一颗感恩的心,感恩的人必然能获得幸福。"

在《圣经》的幸福箴言中有这样一句话:感恩的人必得幸福。是啊,一个懂得感恩的人,必将得到上天的眷顾,因为他们懂得知恩图报、懂得感受幸福，他们是最有权利享受幸福的人。感恩是获得幸福生活的秘诀，感受他人的恩惠，并予以回报，这是一件多么幸福的事情。我们在回报的时候，便可以感受到爱与幸福在传递，并能体会到付出的美好。感恩是一种细腻的感情，是一种美好的情怀，拥有一颗感恩的心，便可以触摸到幸福的模样。

生活中，我们常感觉不到幸福，是因为我们常爱扮演受害者的角色，责怪父母没给自己提供优越的成长环境，抱怨他们不理解自己；觉得朋友没有设身处地地为自己着想，反感老师恨铁不成钢的谆谆教诲；或是认为爱人没有做到与自己心有灵犀一点通。其实错不在别人身上，所有的问题在于我们对别人要求太高，对自己太没有要求，以至于连最起码的感恩之心都没有。每个人都不完美，我们不能奢望别人百分百完美，期望所有人任何时候都能关照到自己的情绪。只有学会不苛责别人，感谢别人为自己的点滴付出，我们才能获得真正的快乐。

除了感谢陪伴我们成长，帮助我们渡过难关的亲人、朋友、爱人以外，我们还应对生活报以感恩的态度。假如生活真的亏待了你，你是否能够为自己讨回公道，是否能改变现状。如果不能，就带着一颗平常心尝试着接受现实吧。在这个世界上绝对的公平、公正是不存在的，它只是人类实现不了的理想而已。放眼望去，到处都能看到被生活亏待的人，你并不孤单，又何必为此耿耿于怀。不要总想着世界亏欠自己多少，人世间有多少黑暗和阴霾，想想一切美好的事情，想想值得感恩的事情，懂得感恩，幸福就会不请自来，试着让感恩为自己的幸福加分，你的人生从此将变得不一样。

谁在掌控你的人生：
不可不知的100个心理学常识

09. 奥卡姆剃刀定律：快乐原来如此简单

如果被问及人生的终极追求是什么？恐怕人们会给出一个统一的答案——幸福。然而幸福是抽象的，它不能用具体的事物来描述。假如把幸福具体化，你的回答又是什么呢？也许有人会说一份成功的事业、一个美满的家庭、一笔让人羡慕的银行存款、一所面朝大海的大房子……其实拥有这些的人未必是幸福的，因为为了追逐这些东西，人生就会变得越来越复杂，而复杂的人生通常和幸福是不兼容的。

事实上，人拥有得越多反而越难快乐，简单平实的生活反而更有质感。早在14世纪，英国逻辑学家奥卡姆·威廉就发现了极简主义的价值，他主张剔除无价值的东西，化繁为简解决问题。这个原理被概括为"如无必要，勿赠实体"。这个论断就是著名的"奥卡姆剃刀定律"。奥卡姆剃刀定律告诉我们，果断地拿出犀利的剃刀，把多余的东西统统剔除，我们就能过上简单幸福的生活。很多时候，我们过得不幸福，就是因为被自己制造的麻烦压垮了，只有勇于向复杂的生活开刀，我们才能一身轻松地活在阳光下，沐浴朝晖夕阴，笑看云卷云舒，享受一番难得的安闲和快乐。

从前有个快乐的渔夫，每次出海只撒一次网，无论收获多少，捕捞的是大鱼还是小鱼，他都绝不撒第二次网。有人感到很疑惑，就问他说："你为什么就不能多撒几次网呢？这样不是就能捞到更多的鱼，卖更多的钱了吗？""得到了更多的钱，又能怎么样呢？"渔夫不以为然地说。那人提高声音说："那就可以过上自己想要的幸福生活了。"

渔夫请他具体描绘一下所谓的理想生活。那人说："丰衣足食、无忧无虑，能随心所欲地安排自己的生活，可以有闲暇时间陪伴家人，还可以面对着蓝天碧海、悠然地躺在沙滩上美美地晒太阳，这样的生活难道你不想要吗？"

渔夫笑道："我每天撒一次网，过的就是你描述的生活啊。现在的我衣食无忧，有大把的时间陪伴家人。只要我愿意，随时都可以躺在沙滩上舒服地晒太阳。我觉得我已经非常幸福了，为什么还要多撒网多捕鱼呢？"

这则故事告诉我们，越是简单的生活离幸福越近。渔夫的幸福最为接近本真的幸福，他追求的幸福生活与物质、金钱、名利完全无关，眼中的阳光美景、海岸沙滩自然也是最真的原色，最为难得的是他没有因为物欲牺牲个人生活，有充分的闲暇陪伴家人共享美好时光，只要高兴随时都可以享受一次日光浴。而那些超级富豪则不同了，百忙之中才能抽出一点时间陪伴家人或者晒晒太阳，普通人唾手可得的幸福，在他们看来却变成了支付不起的奢侈品，这样的生活又怎么可能是幸福的呢？它所维系的不过是一个光鲜的表象罢了。其实幸福并没有那么难，只要我们不要让自己活得那么复杂，懂得知足常乐，幸福便无所不在。

美国作家丽莎·普兰特曾经说过："幸福来源于简单生活。简单其实是一种全新的生活哲学，当你用一种新的视觉观察生活、对待生活，你就会发现简单的东西才是最美的。"是的，简单就是美，复杂会背离事物本身，唯有追求极简主义的生活，我们才能抛开凡尘的负累，在宁和的氛围里，自由快乐地嬉戏追逐。

10. 马斯洛理论：高层次的幸福源于心灵的富足

我们知道幸福是一种主观的感受，那么这是否意味着幸福只和心灵有关，物质条件就一点都不重要呢？现实主义者显然不这么认为，因为抛开物质基础空谈幸福，就好比吃不上面包还要强颜欢笑一样，一切都显得空洞而虚假。显然幸福关乎精神，也关乎物质，那么两者之间哪一个更重要呢？美国心理学家亚伯拉罕·马斯洛在他的需求层次论里给了我们一个比较客观的答案。

马斯洛把人类的需求划分为五个层次。第一层次的需求是生理需求，指的是满足个人生存所必需的基本保障条件，如食物、水、衣服、健康等。第二层次的需求是安全需求，指的是使个人免于受到外界的伤害以及免受恐惧和困扰的一切需要，比如稳定的收入、较好的福利待遇、良好的社会治安等。第三层次的需求是社交需求，指的是满足个人与外界交往的基本需要，并保障其从中获得爱情、友谊以及强烈的归属感。第四层次的需求是尊重的需求，指的是自我认可的需要以及获得外界肯定和认可的需要，包括名誉、地位、成就、自尊、自信等。第五个层次的需求是自我实现的需要，它是人类最高层次的需求，指的是自我价值的实现，包括理想的实现、对事业的不懈追求以及对人生至高境界的追求等。

马斯洛认为人的需求是从低层到高层逐层递进的，只有满足了低层次的需求，才能有更高层次的追求。第一层次和第二层次的需求，反映的是人类对物质的需求，人只有在吃穿住用行的基本物质需求得到满足、正常生活有可靠的保障时，才能追求精神上的幸福。一个衣不蔽体、食不果腹、居无定所的人，是没有心情奢望在精神上获得多大的享受的。

第十章
什么在左右你的生存状态

幸福生活离不开必要的物质条件，但如果把物质当成了幸福的全部要义，你所能体验到的幸福就只是低层次的幸福，是绝对感受不到心灵富足所带来的极致快乐的。饱食终日不是幸福，茶前饭后感到惬意才是幸福；拥有金钱不是幸福，懂得善用钱财才能找到更多的人生乐趣；拥有一份高薪工作不是幸福，能通过工作获得愉快的体验、实现人生理想才是幸福。马斯洛需求层次论告诉我们，要想活得更幸福，我们不能太过迷信物质的魔力，而要学会向心灵深处探求快乐的意义。

英国作家威廉·萨默赛特·毛姆创造的小说《月亮和六便士》很好地阐述了马斯洛需求层次论的观点，以犀利的笔触解构了幸福的要义。故事讲述的是一个叫思特里克兰德的政权经纪人，在外人看来过着美满幸福的生活，他收入颇丰，有着一定的社会地位，妻子顾家，孩子聪明可爱，各项条件都符合一个中产阶级的标准。但斯特里克兰德并不满足于中规中矩的庸常生活，他一直有着更高的追求，于是在四十岁那年毅然抛弃了一切，一个人去了巴黎，踏上了寻梦之旅。

思德里克兰德为了追求自己心中的艺术吃尽了苦头，他一度贫困潦倒，后来又辗转流落到了塔希提岛，娶了当地的一个土著姑娘，并生下了三个孩子。一家人度过了一段非常美好的幸福时光。可惜好景不长，后来孩子们都死了，他自己也病死了，临终前终于完成了一幅力作，不过他无意保留这幅画作，最后托人销毁了。

《月亮和六便士》的故事，并非完全思虚构，思特里克兰德的原型就是法国后印象派画家高更，月亮代表纯粹美好的理想，便士则代表纸醉金迷的世俗社会，主人公是一个富有的中产阶级，但是他并不幸福，因为内心极度空虚，后来他为了理想不顾一切、历尽坎坷，不惜远离物质文明社会，最终病死在一个民风古朴的偏远小岛上。

主人公对理想的执着追求是可敬可叹的，然而生活在世俗社会的我们是不可能为了追逐月亮而彻底抛弃便士的，我们不是高更，也不是思特里克兰德，

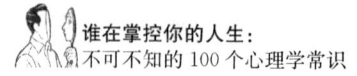

我们所能做的就是尽可能不被便士腐蚀，在依靠便士生存的同时，不忘抬头仰望明月，这样我们就能在梦想和现实中不断游走，活得既不世俗也不世故，同时又不愤世嫉俗，内心少些挣扎，就能得到看得见触得到的幸福。

幸福是需要温度的，便士可以买来暖气提高室温，可是如果我们的内心是冰冷的，那么无论花费多少便士，我们都不可能感到温暖。对于幸福的构成要素而言，物质条件是必不可少的，但物质不是幸福的全部内容，我们必须学会关注自己的情感和精神世界，才能提升幸福的层次。